JN205470

化学の要点
シリーズ
34

C-H結合
活性化反応

日本化学会［編］

イリエシュ ラウレアン
浅子壮美　［著］
吉田拓未

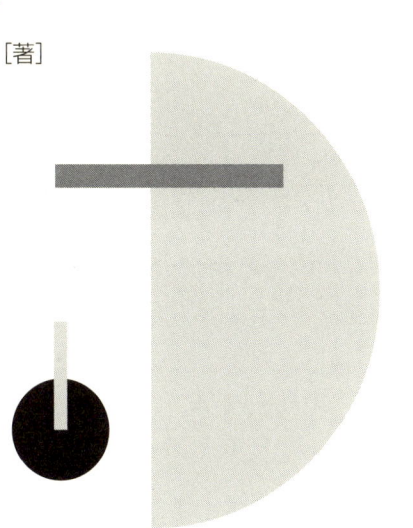

共立出版

『化学の要点シリーズ』
発刊に際して

　現在，我が国の大学教育は大きな節目を迎えている．近年の少子化傾向，大学進学率の上昇と連動して，各大学で学生の学力スペクトルが以前に比較して，大きく拡大していることが実感されている．これまでの「化学を専門とする学部学生」を対象にした大学教育の実態も大きく変貌しつつある．自主的な勉学を前提とし「背中を見せる」教育のみに依拠する時代は終焉しつつある．一方で，インターネット等の情報検索手段の普及により，比較的安易に学修すべき内容の一部を入手することが可能でありながらも，その実態は断片的，表層的な理解にとどまってしまい，本人の資質を十分に開花させるきっかけにはなりにくい事例が多くみられる．このような状況で，「適切な教科書」，適切な内容と適切な分量の「読み通せる教科書」が実は渇望されている．学修の志を立て，学問体系のひとつひとつを反芻しながら咀嚼し学術の基礎体力を形成する過程で，教科書の果たす役割はきわめて大きい．

　例えば，それまでは部分的に理解が困難であった概念なども適切な教科書に出会うことによって，目から鱗が落ちるがごとく，急速に全体像を把握することが可能になることが多い．化学教科の中にあるそのような，多くの「要点」を発見，理解することを目的とするのが，本シリーズである．大学教育の現状を踏まえて，「化学を将来専門とする学部学生」を対象に学部教育と大学院教育の連結を踏まえ，徹底的な基礎概念の修得を目指した新しい『化学の要点シリーズ』を刊行する．なお，ここで言う「要点」とは，化学の中で最も重要な概念を指すというよりも，上述のような学修する際の「要点」を意味している．

本シリーズの特徴を下記に示す.

1）科目ごとに，修得のポイントとなる重要な項目・概念などをわかりやすく記述する.

2）「要点」を網羅するのではなく，理解に焦点を当てた記述をする.

3）「内容は高く」，「表現はできるだけやさしく」をモットーとする.

4）高校で必ずしも数式の取り扱いが得意ではなかった学生にも，基本概念の修得が可能となるよう，数式をできるだけ使用せずに解説する.

5）理解を補う「専門用語，具体例，関連する最先端の研究事例」などをコラムで解説し，第一線の研究者群が執筆にあたる.

6）視覚的に理解しやすい図，イラストなどをなるべく多く挿入する.

本シリーズが，読者にとって有意義な教科書となることを期待している.

『化学の要点シリーズ』編集委員会
井上晴夫（委員長）

池田富樹　伊藤　攻　岩澤康裕　上村大輔

佐々木政子　高木克彦　西原　寛

はじめに

　高校化学でキシレン（ジメチルベンゼン）にはオルト体，メタ体，パラ体の3種類の構造異性体があることを学ぶ．講義では多くの人がまずベンゼン環を描き，任意の炭素原子から結合の線を伸ばして1つ目のメチル基を，異性体の種類に応じて適切な位置に2つ目のメチル基を描き加えてキシレンを「合成」するであろう．いわばこのメチル基を描き加える作業が，本書で取り上げる「炭素-水素（C–H）結合活性化反応」である．このとき，ベンゼン環のC–H結合の切断と新しい炭素-炭素（C–C）結合の形成が起きている．紙の上では，メチル基に限らず任意の置換基をベンゼン環の好きな位置に自由自在に導入して，望みの異性体のみを選択的に「合成」することができるが，実際に合成するとなるとそう簡単にはいかない．著者らが有機化学の研究に携わり始めた2000年代初頭は，触媒的なC–H結合活性化反応が急速に注目を集め始めた頃であり，現在では一大研究分野へと発展している．

　本書では，第1章で定める定義の範囲内で，遷移金属触媒によるC–H結合活性化反応の例をいくつか取り上げる．第2〜4章は，先駆的な反応と，最先端で最も成功している反応を中心にまとめている．より一般性が高く困難な分子間反応を，分子内反応よりも優先的に扱う．とりわけ，2019年時点での最前線の研究に焦点を当て，その重要性や巧妙な触媒設計について解説する．第5章では多種多様な手法を用いたC–H結合活性化反応を，第6章では標的分子の合成への応用を紹介する．具体的には，今後さらなる発展が期待される不均一系触媒，光触媒，電気化学，生体触媒を用いる研究や，全合成，メディシナルケミストリー，材料科学への応用研究を第一

線で活躍する研究者のコラムとともに紹介する．現在までに報告された C–H 結合活性化反応に関する文献はあまりにも多く包括的な議論は困難であるが，本書で簡潔に紹介する C–H 結合活性化反応の現状が，有機合成化学の転換期ともいえるこの時代に生きる読者の興味をかきたてることを願う．まずは，C–H 結合活性化反応を利用すると，どのような出発原料を用いてどのような生成物を合成することができるのかに注目しながら，おおまかに全体像を掴むだけでも，C–H 結合活性化反応の概要を把握するには十分である．もう一歩踏み込んでより深く理解するためには，第 2 章で紹介する C–H 結合活性化の反応機構や各反応における触媒設計に注目するとともに，参考文献として紹介している実際の原著論文や総説にあたっていただきたい．なお，本書は金属錯体を利用する C–H 結合活性化反応を中心に紹介しているため，その基礎となる有機金属化学については，化学の要点シリーズ 6 『有機金属化学』も合わせて参照されたい．

　本書の執筆をお勧めくださりました上村大輔先生に深く感謝申し上げます．C–H 結合活性化の先駆者であり，現在もこの分野を牽引されている垣内史敏先生には，原稿の査読を通して貴重なご意見を賜りましたこと，深く感謝申し上げます．最先端の研究に関してコラムを執筆していただいた諸先生方，ならびに，本書の編集でお世話になりました共立出版編集部に厚く御礼申し上げます．

　2019 年 10 月

著者一同

目　　次

コラム目次

略語表

本文や図中にある官能基や化合物の省略語の正式名を表にまとめた．合わせて参照されたい．

略語	正式名	示性式
Ac	アセチル	$CH_3C(=O)-$
acac	アセチルアセトナート	$(CH_3CO)_2CH^-$
Ar	アリール	
Bn	ベンジル	$C_6H_5CH_2-$
Bpin	ピナコラトボリル	$(CH_3)_4C_2O_2B-$
Bu	ブチル	$CH_3CH_2CH_2CH_2-$
cod	1,5-シクロオクタジエン	C_8H_{12}
coe	cis-シクロオクテン	C_8H_{14}
Cp	シクロペンタジエニル	C_5H_5-
Cp*	ペンタメチルシクロペンタジエニル	$C_5(CH_3)_5-$
Cy	シクロヘキシル	$C_6H_{11}-$
DG	配向基	
DMA	N,N-ジメチルアセトアミド	
DMF	N,N-ジメチルホルムアミド	
ee	鏡像体過剰率	
Et	エチル	CH_3CH_2-
Hex	ヘキシル	$CH_3CH_2CH_2CH_2CH_2CH_2-$
HFIP	ヘキサフルオロ-2-プロパノール	
^iPr	イソプロピル	$(CH_3)_2CH-$
M	金属	

略語	正式名	示性式
Me	メチル	CH_3-
Mes	メシチル	$2,4,6\text{-}(CH_3)_3C_6H_2-$
NMP	N-メチル-2-ピロリドン	
Ph	フェニル	C_6H_5-
Piv	ピバロイル	$(CH_3)_3CC(=O)-$
Q	8-キノリル	
R	任意の置換基	
TBS	*tert*-ブチルジメチルシリル	$(CH_3)_2((CH_3)_3C)Si-$
TFA	トリフルオロ酢酸	
THF	テトラヒドロフラン	
TIPS	トリイソプロピルシリル	$^iPr_3Si-$
Tol	トリル	$CH_3C_6H_4-$
Ts	トシル	$p\text{-}CH_3C_6H_4SO_2-$

第 1 章

C–H 結合活性化反応の概要

1.1 C–H 結合活性化反応とは

　有機合成化学の目指すところは，新しい分子を創ることである．
それゆえ，新たな結合を作る方法が必要となる．多くの場合，この
結合は 2 つの極性前駆体，求電子剤（原子が形式的に正電荷を帯び
ている）と求核剤（原子が形式的に負電荷を帯びている），を結合
することで形成される．たとえば，ヨウ化メチル（求電子剤）とメ
チルリチウム（求核剤）を反応させると炭素–炭素（C–C）結合形
成を伴いエタンを合成できる．さまざまな結合形成反応の中で，分
子骨格を構築する C–C 結合形成反応が最も重要であることに疑念
の余地はない．一方，C–ヘテロ原子結合形成反応は骨格へ官能基
を導入するために重要である．

　遷移金属触媒を用いると，新たな結合を形成するにあたり多くの
利点がある．たとえば，古くから知られている反応がより温和な条
件で高収率かつ高選択的に進行するようになったり，さらには，そ
れまで存在しなかった新しい反応を生み出すことも可能になったり
する．その最たる例は，クロスカップリング反応である（図 1.1a）.
触媒量の遷移金属（典型的にはパラジウム（Pd））を用いると，有
機（擬）ハロゲン化物（求電子剤）と有機金属反応剤（求核剤）が
効率よく結合する．クロスカップリング反応は，学術界および産業

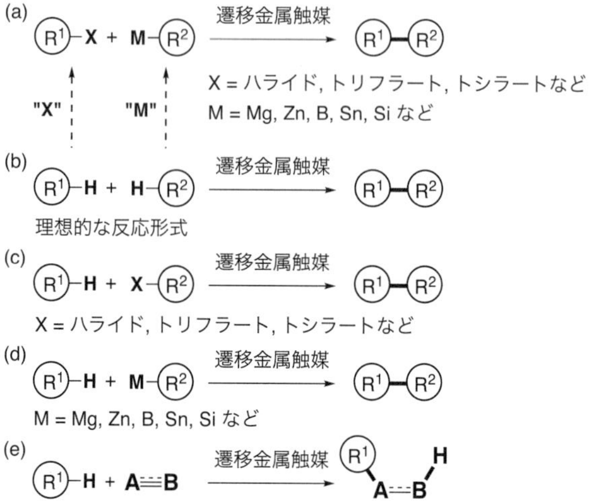

図 1.1 （a）遷移金属触媒によるクロスカップリング反応 （b）炭化水素同士の直接カップリング反応 （c）炭化水素と求電子剤のカップリング反応 （d）炭化水素と求核剤のカップリング反応 （e）炭化水素の不飽和化合物への付加反応

界において有機合成化学にとどまらず幅広い分野への波及効果があったことから，2010 年にノーベル化学賞を受賞するまでに成熟した研究分野となっている．しかしながら，この反応に用いる 2 つのカップリング原料は簡単には手に入らないため，一般に天然に多く存在する炭化水素から合成しなければならない．すなわち，炭化水素の炭素–水素（C–H）結合を炭素–ハロゲン（C–X）結合や炭素–金属（C–M）結合へあらかじめ変換する必要があるため，余分な手間やコストがかかっていた．これこそが，ハロゲンや金属官能基を導入せずに炭化水素を直接カップリングさせる反応，C–H結合活性化反応（C–H bond activation；炭素–水素結合官能基化反応）

の開発研究が精力的になされてきた理由である.

　しかしながら，C–H結合活性化反応を合成化学的に有用なレベルで実現するためには，以下にあげる多くの難しい課題を解決する必要がある.

- 無極性で強固なC–H結合を切断する
- 基質に複数あるC–H結合の中から官能基化したいC–H結合のみを選択的に官能基化する
- 基質に含まれる種々の官能基を損うことなくC–H結合のみを選択的に官能基化する

　2つの異なるC–H結合を切断し，炭化水素同士をカップリングさせることができれば，それは最も効率的かつ理想的な合成法といえる（図1.1b：脱水素型クロスカップリング反応，本反応については5.1節を参照）. しかしながら，前述した3つの難題に加えて，脱水素型反応は一般に吸熱反応でありエントロピー制御[†]になるため困難である（酸化剤，高温条件，分子内反応が利用される）. そのため，基質の一方を炭化水素，もう一方を求電子剤（ハロゲン化物や擬ハロゲン化物など，図1.1c）や求核剤（有機金属反応剤，図1.1d）として用いる反応が報告例の大部分を占める. これらのいわゆるクロスカップリング型反応とは異なる形式の反応として，炭化水素のC–H結合を切断しアルケン，アルキン，カルボニル化合物などの不飽和結合へ付加させる付加型反応が知られており，原子効率[‡]100%の理想的な反応であることから精力的に研究されている（図1.1e）.

[†]　エントロピー制御：反応の効率や選択性がエントロピーの変化により制御されること.

[‡]　原子効率：化学反応における反応物から生成物への原子の変換効率を表す指標. 原子効率（%）＝（目的生成物の分子量/反応物の分子量）×100.

　C–H結合官能基化は大きな注目を集めているにも関わらず，「C–H結合活性化」が正確には何を指すのかということには議論の余地がある．本書では，「有機金属化学」の観点からの定義を採用する[1]．すなわち，「酸性度の高くない炭素–水素結合が均一系遷移金属触媒の作用のもと，炭素–金属結合をもつ中間体を経て，炭素–炭素結合または炭素–ヘテロ原子結合へ変換される」反応をC–H結合活性化と定義する（図1.2）．有機金属化学ではC–H結合活性化はC–H結合を切断する段階を指すが，近年，特に有機合成化学ではC–C結合またはC–ヘテロ原子結合形成まで含めた全体的な反応をC–H結合活性化と呼ぶことが多い．

　上記の定義にしたがい，次にあげる反応は本書では扱わない．

- 末端アルキンやカルボニル化合物のα位といった酸性度の高いC–H結合切断を経る反応
- ブチルリチウムなどの強塩基を化学量論量†用いる反応
- 金属が直接関与しないカルボカチオン中間体を経るFriedel–Crafts型反応
- アルカンのラジカル的ハロゲン化などのフリーラジカル反応
- 不均一系触媒を用いる高温反応

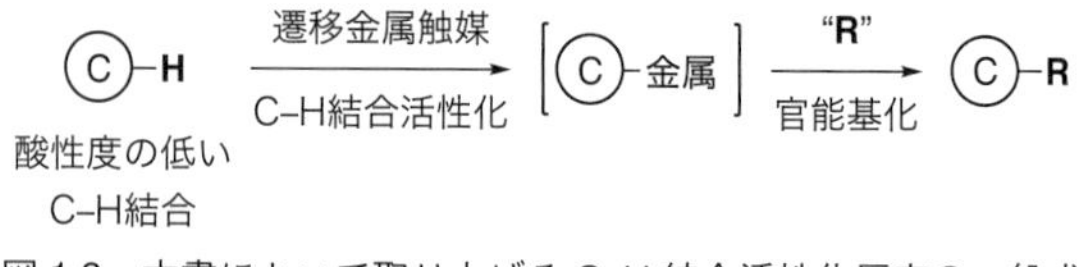

図1.2　本書において取り上げるC–H結合活性化反応の一般式

† 化学量論量：反応を完結させるのに理論的に必要な反応物や反応剤の量．

ただし，例外として次の反応は取り上げる．

- 金属触媒によるカルベン挿入反応および関連反応（5.2 節）：C–M 結合をもつ有機金属中間体を経由しないが，C–H 結合官能基化のなかでも，最も発展し応用研究が盛んな戦略の一つ
- 金属触媒を用いる C–H 結合官能基化であるが，ラジカル中間体を経由することが示唆されている反応：このラジカルはフリーラジカルではなく，金属に結合もしくは接近していてラジカル性をもっている
- 有機分子触媒を用いる反応 [2]

また，第 2 章では，C–H 結合活性化の反応機構に焦点を当てるために量論反応を取り扱う．

1.2　C–H 結合活性化反応の歴史

1955 年，村橋はコバルト（Co）触媒を用いる芳香族イミンの C–H 結合切断と一酸化炭素の挿入を経るイソインドリノン合成を報告した（図 1.3）[3]．当時は金属錯体による触媒的 C–H 結合活性化反応という考え方がなかったため，反応機構に関しては議論されていない．本反応は高温高圧条件を要するが，触媒的 C–H 結合活性化反応の先駆的研究である．

1960 年代後半，Garnett，Hodges らによって報告された重水素

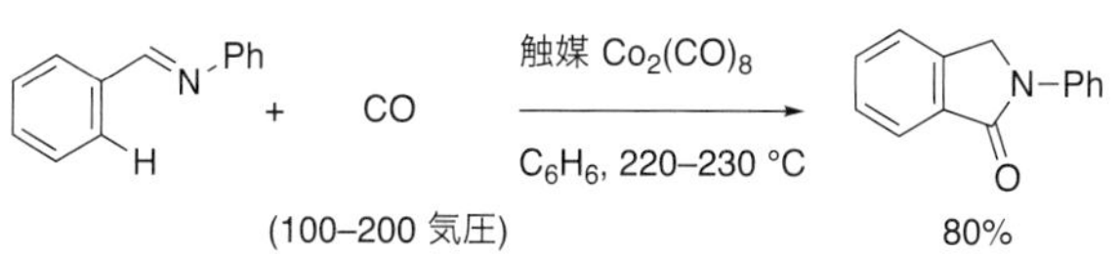

図 1.3　最初の触媒的 C–H 結合活性化反応

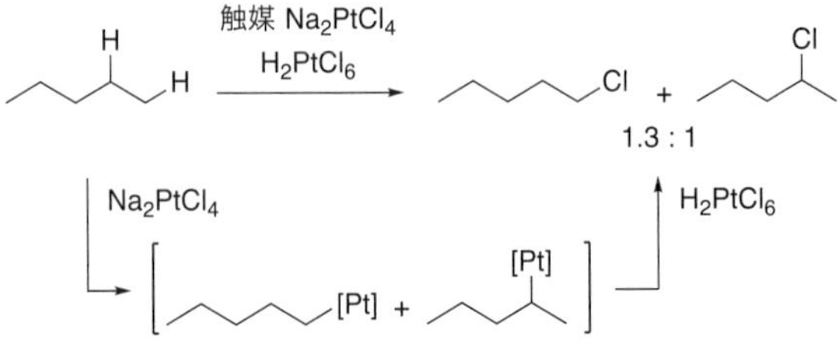

図 1.4　白金触媒によるアルカンのハロゲン化反応

交換反応に基づき［4］，Shilov らは白金（Pt）触媒によるアルカン
の触媒的 C–H 結合活性化反応を報告した（図 1.4）［5］．本反応を
既存のラジカル連鎖反応によるハロゲン化と比較すると生成物の位
置選択性が異なるため，この結果は本反応におけるアルキル白金種
の関与を示唆している．この Shilov の研究はソ連で行われたため，
発表当初こそ表舞台に出ることはなかったが，広く知れわたった後
には盛んに関連研究が行われ，さまざまな触媒系や酸化剤が開発さ
れた．その中には，工業的に重要であるメタンのメタノールへの酸
化反応も含まれる（4.2 節）．

　1967 年に藤原・守谷らは，触媒量の酢酸パラジウムがアレーン
（芳香族炭化水素）の C–H 結合を切断し，アルケンとの酸化的カッ
プリング反応を促進することを報告した（図 1.5, 図 4.1 参照）［6］．
反応効率が低い，溶媒量のアレーンを基質として用いる必要があ

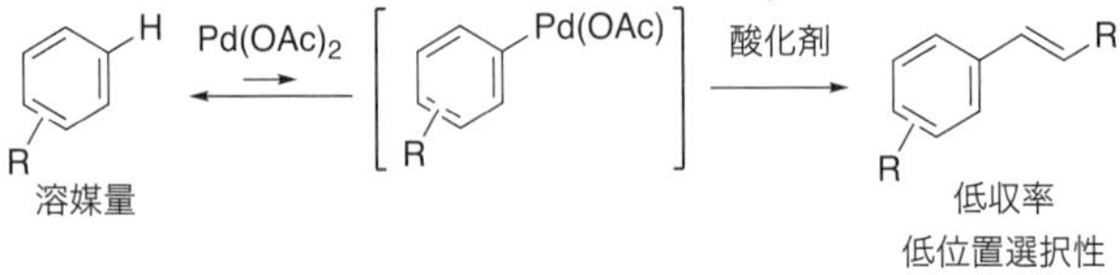

図 1.5　藤原・守谷反応

る，反応が位置選択的に進行しないなどの理由から，有機合成手法として利用するには解決すべき課題が残されていた．いわゆるクロスカップリング型反応の研究が盛んに行われたこともあり，本研究は積極的に利用されることはなかった．しかし，この反応は近年盛んに研究が行われているパラジウム触媒による C–H 結合活性化反応の礎を築いた重要な反応である．

　C–H 結合活性化反応におけるパラジウム以外の重要な遷移金属としてイリジウム（Ir）が挙げられる．1980 年代に Felkin, Crabtree らは，イリジウム触媒によるアルカンの脱水素反応を経るアルケンの合成を報告した（図 1.6）[7]．詳細な反応機構研究により，C(sp³)–H 結合活性化を経て反応が進行していることが証明された．シクロオクタンを基質として用いた場合に最も効率的に脱水素反応が進行する．直鎖アルカンを基質として用いると反応効率は低下するものの，熱力学的に不安定な末端アルケンが選択的に得られるため合成的価値は高い．イリジウム触媒はその後 C–H 結合活性化反応における重要な遷移金属触媒となり，宮浦，石山，Hartwig らによって開発された高効率ホウ素化反応の触媒として用いられている（図 4.12 参照）．

　1993 年に村井らは配向基を利用する高効率かつ位置選択的な C–H 結合アルキル化反応を報告した．すなわち，ルテニウム（Ru）

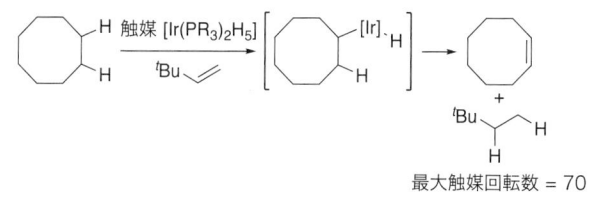

最大触媒回転数 = 70

図 1.6　イリジウム触媒による脱水素反応を経るアルケンの合成

を触媒として用いることで，収率100％かつ完全なオルト位選択性で進行する1当量のアレーンとアルケンの反応を実現した（図3.1参照）．この高効率C–H結合官能基化反応は有機合成化学界に大きな影響を与え，追随研究が盛んに行われるようになった．

　本書では主に触媒反応を取り上げるが，金属錯体を化学量論量用いた重要な研究にも言及する．1900年代初頭，すでに酢酸水銀のような求電子的金属種がベンゼンと反応して有機水銀種を生成する

コラム1

隣の庭のタネを拾い，大きく花開かせる

　新しいテーマを考える際に，自分の専門分野の考え方と隣の分野の先行研究を融合すると良いことがある．隣の分野の数十年分の研究成果を違う視点から振り返ってみると，思わぬところに研究のタネが落ちているからである．

　我々がCp*Co(Ⅲ)触媒によるC–H結合活性化反応の研究を着想したのは2012年であった．2007年以降Cp*Rh(Ⅲ)錯体やCp*Ir(Ⅲ)錯体を用いた触媒的C–H活性化が盛んに研究されていたにも関わらず，Cp*Co(Ⅲ)錯体を触媒とする報告は皆無であった．一方，錯体化学分野では，Cp*Co(Ⅲ)錯体の調製法が1970年代にすでに報告されていた．また，化学量論量のCpCo(Ⅲ)錯体を用いると温和な条件でC–H結合を切断できることも2001年に報告されていた．まさに「隣の庭に研究のタネが落ちていた」状況であった．実際にCp*Co(Ⅲ)錯体**1**を調製し触媒反応に使ってみると高い活性を示し，短期間で初報[1]へと繋がった．

　無論，拾ったタネに光を当てるだけでは不十分であり，ニッチな研究に落ちいらないように注意しなければいけない．萌芽成果をいかに「大きく花開かせる」かも研究者の腕の見せ所である．合成化学者の視点から，Cp*Co(Ⅲ)錯体がRhやIrよりも優れている可能性を徹底的に洗い出し検証したことが奏功

ことが知られていた．また，遷移金属錯体の芳香族 C–H 結合切断
能は Chatt らによって 1965 年に示された．彼らは，ルテニウム錯
体を用いてナフタレンの C–H 結合が活性化されることを見出した
[8]．第 2 章で述べるように，金属錯体研究から得られる反応機構
に関する知見は，触媒反応の反応機構を理解し反応条件を最適化す
るのに非常に重要である．たとえば，前述したイリジウム触媒によ
る脱水素反応（図 1.6）の反応機構は，同年に Bergman らと Gra-

し [2]，世界中の研究者が参入するまでに発展した．

　主流とは違うアプローチを探索するという性質上，当然，成功確率は低く，
優れたタネを拾い育てあげるまでには「外れ」もたくさん引いている．しか
し，「当たり」に出会えた時のインパクトは絶大である．専門分野の最先端の
論文ばかりを追うのではなく，たまには異分野の昔の研究を見つめ直してみる
のもよいかもしれない．

[1] T. Yoshino, H. Ikemoto, S. Matsunaga, M. Kanai：*Angew. Chem. Int. Ed.* **52**,
2207（2013）.
[2] T. Yoshino, S. Matsunaga：*Adv. Synth. Catal.* **359**, 1245（2017）.

（北海道大学大学院薬学研究院　松永茂樹）

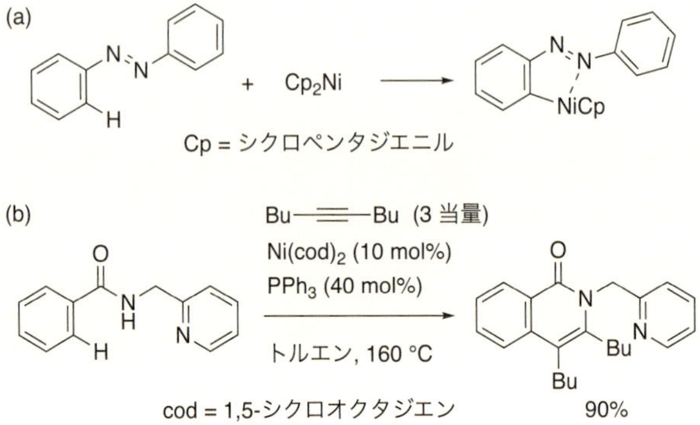
(a)
N
N
H
+ Cp_2Ni
N
N
NiCp
Cp = シクロペンタジエニル
(b)
Bu—≡—Bu (3 当量)
$Ni(cod)_2$ (10 mol%)
PPh_3 (40 mol%)
O
N
H
N
H
トルエン, 160 °C
O
N
N
Bu
Bu
cod = 1,5-シクロオクタジエン
90%

図 1.7　(a) ニッケル錯体による C–H 結合活性化反応　(b) ニッケル触媒を用いた C–H 結合活性化反応

ham らによって報告された Cp*Ir ヒドリド錯体による光照射下のアルカンに対する酸化的付加反応によって支持された [9]．この錯体化学研究は C–H 結合活性化の反応機構に対する理解の礎となる研究だと考えられている．村井らによって報告された配向基を用いた触媒的 C–H 結合活性化反応は，それ以前に報告された数多くの金属錯体によるシクロメタル化†に基づいている．その例として 1963 年に報告されたニッケル（Ni）錯体とアゾベンゼンの反応が挙げられる（図 1.7 a）[10]．しかし，量論反応を簡単に触媒反応にできるわけではない．ニッケル触媒による配向基を利用する C–H 結合活性化反応は，茶谷らによって約 50 年後の 2011 年にようやく達成された（図 1.7b）[11]．

† シクロメタル化：メタラサイクル（金属原子を含む環式化合物）を形成する反応．本書では，C–H 結合の切断により新たな C–M 結合をもつメタラサイクルが形成される反応を指す．

第2章

C-H 結合活性化の反応機構

2.1 酸化的付加

　電子豊富な低原子価金属は，C-H 結合間に直接挿入することで C-H 結合を切断できる．これを酸化的付加と呼ぶ（図 2.1）．酸化的付加後には，C-M 結合と水素-金属（H-M）結合をもつ中間体 C-M-H が生じ，中心金属の形式酸化数が 2 つ高くなる．結合性 σ（C-H）軌道から金属空軌道への供与と金属被占有軌道から反結合性 σ*（C-H）軌道への逆供与の 2 つの相互作用が C-H 結合切断に重要な役割を果たす．アルカンを基質とする多くの場合に，C-H 結合切断の前に C-H 結合が金属へ σ 配位した錯体を形成する．

　分子内 C-H 結合酸化的付加反応はシクロメタル化反応 [12] の一つの形式であり，アレーン，アルカンを基質とするシクロメタル化反応はそれぞれ，1960 年代，1970 年代後半から精力的に研究さ

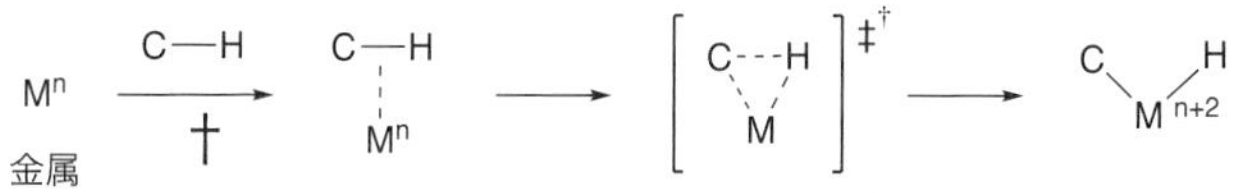

図 2.1　酸化的付加

---

† ‡：遷移状態を表す．

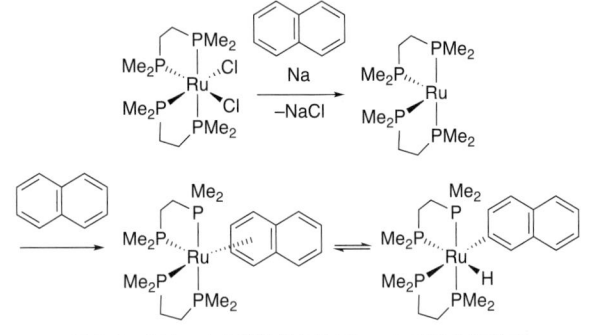

DG = 配向基

図2.2　酸化的付加によるシクロメタル化反応

れている（図2.2）．しかしながら，これらの化学量論反応が触媒的 C–H 結合官能基化反応として有機合成へ本格的に利用され始めるのは，Lewis ら（1986年，[13]）や村井ら（1993年，[14]）の報告を待たなければならなかった（図3.1参照）．

　アレーンの分子間酸化的付加反応は，1965年に Chatt らにより報告された（図2.3）[8]．すなわち，2価の $RuCl_2(dmpe)_2$（dmpe ＝1,2-ビス（ジメチルホスフィノ）エタン）の Na ナフタレニドによ

図2.3　ルテニウム錯体によるアレーンの酸化的付加

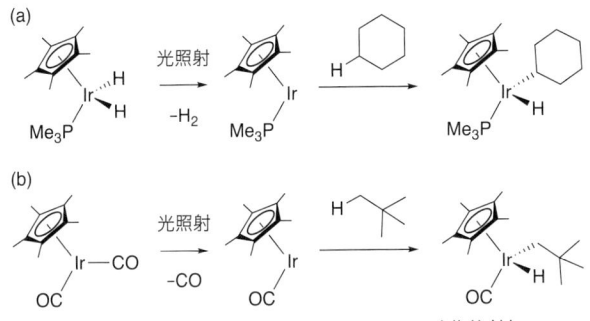

図 2.4 イリジウム錯体によるアルカンの酸化的付加

る還元で生じる 0 価の Ru(dmpe)$_2$ がナフタレンと反応し，π アレーンルテニウム錯体とアリールルテニウムヒドリド錯体が平衡混合物として存在することが観測された．

　アルカンの分子間酸化的付加によりアルキル金属ヒドリド錯体を合成した先駆的な研究は，1982 年に Bergman らおよび Graham らによって報告された（図 2.4）[9]．(a) Cp*IrH$_2$(PMe$_3$) もしくは(b) Cp*Ir(CO)$_2$ に高圧もしくは中圧水銀灯を用いて光照射すると，溶媒のシクロヘキサンやネオペンタンと室温で反応することが見出された．

　一般に，C(sp^2)–H 結合切断の方が C(sp^3)–H 結合切断よりも次にあげる理由のために進行しやすい．

- アレーンが η^2–アレーン錯体[†] として金属へ配位できる
- C(sp^2)–H 結合まわりの立体障害がより小さい
- sp^3 混成軌道よりも sp^2 混成軌道の方が指向性が低い

[†] η^2–アレーン錯体：アレーン錯体のうち，アレーンの 2 つの炭素原子で金属へ配位しているもの．

• 生成する有機金属ヒドリド錯体の金属-C(sp^2)結合が，金属 d
  電子と有機基電子の相互作用により安定化される

2.2 σ結合メタセシス

　σ結合メタセシス機構では，C-H結合とM-X結合の間で結合の
組み換えがおこる（図2.5）[15]．4員環遷移状態をとり，C-H結
合とM-X結合が切断されるとともに，M-C結合とX-H結合が形
成される．この過程で中心金属の形式酸化数は変化しない．酸化的
付加が困難な d^0 電子配置をもつ前周期金属を用いる反応がよく知
られ，これは金属-水素原子間に相互作用のない厳密な意味でのσ
結合メタセシス機構である．

　1983 年に Watson は，Cp*MMe（M＝ルテチウム（Lu），イット
リウム（Y））錯体のメチル基と ^{13}C 標識したメタンが交換すること

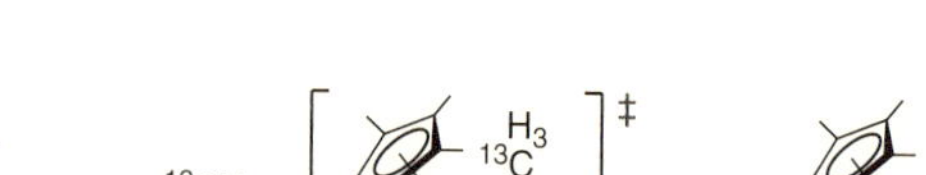

図2.5 σ結合メタセシス

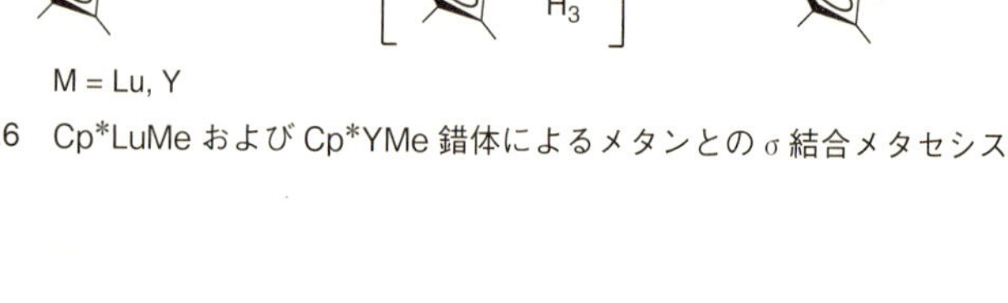

M = Lu, Y

図2.6 Cp*LuMe および Cp*YMe 錯体によるメタンとのσ結合メタセシス反応

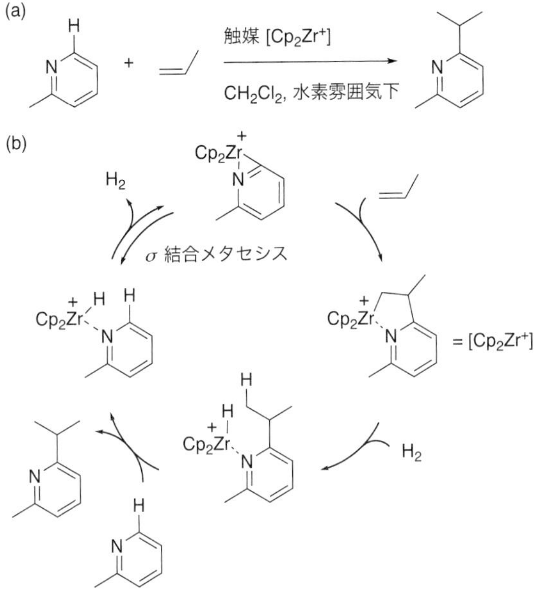

図 2.7 （a）ジルコニウム触媒による 2-メチルピリジンの芳香族 C-H 結合のプロペンへの付加反応と（b）その反応機構

を見出し，詳細な反応速度論解析から，この反応が σ 結合メタセシス機構で進行している可能性を示唆した（図 2.6）[16]．

1989 年に Jordan らは，ジルコニウム（Zr）触媒を用いる 2-メチルピリジンの芳香族 C-H 結合のプロペンへの付加反応を報告した（図 2.7）[17]．本反応は水素雰囲気下で円滑に進行し，Zr-H 種により σ 結合メタセシス機構で C-H 結合が切断される．

d^0 電子配置をとらない後周期遷移金属の反応も σ 結合メタセシス様機構で進むことが知られている．たとえば，Hall，Hartwig らは，遷移金属ボリル錯体とアルカンの反応によりアルキルボロン酸

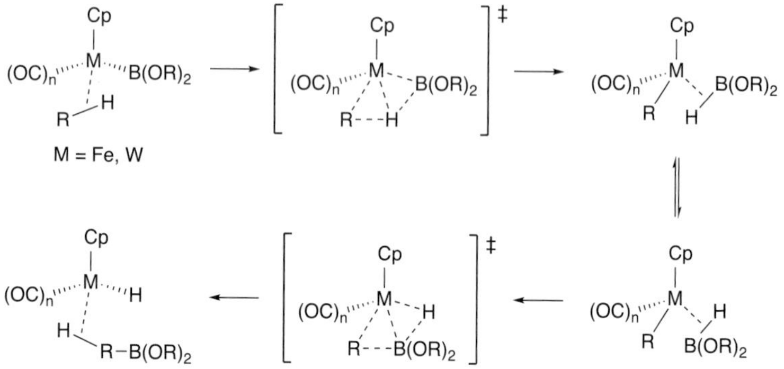

図2.8 金属ボリル錯体によるアルカンのC–Hホウ素化反応におけるσ結合メタセシス様機構

エステルが生成する反応において，金属と水素原子の間にも相互作用があるσ結合メタセシス様機構を提唱した（図2.8）[18]．

協奏的なσ結合メタセシス機構の対極として，段階的な酸化的付加–還元的脱離[†]機構が考えられる．実際には，2つの反応機構は連続的であり，多くの反応は図2.8のように両者の中間の性質をもっていると捉えることができる[19]．この際，M–H結合の寄与が大きいほど，段階的な酸化的付加–還元的脱離機構の性質が強いといえる．C–H結合切断機構をより明確に分類しようとする試みが計算化学によってなされている[20]．

---

† 還元的脱離：酸化的付加の逆反応．金属と結合している2つの配位子が結合を形成し，金属上から解離する反応．

2.3　芳香族求電子置換

　求電子的な金属は，Friedel–Crafts 反応と類似のメカニズムで芳香族求電子置換反応（S_EAr：Electrophilic Aromatic Substitution）を起こす（図 2.9）．求電子的金属がアレーンへ付加したカチオン性の Wheland 中間体を安定化できるため，電子豊富なアレーンに対して起こりやすい.

　先駆的な例として，1931 年に Kharasch らは，AuCl₃ とベンゼンの反応で PhAuCl₂ が生成することを提唱している［21］．21 世紀に入り，Au（Ⅲ）触媒を用いる C–H 活性化反応が次々と開発されている［22］．たとえば Larrosa らは，電子豊富アレーンと電子不足

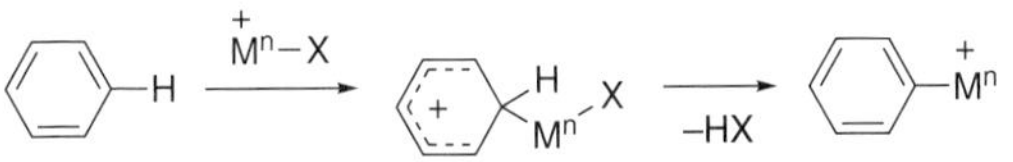

図 2.9　芳香族求電子置換

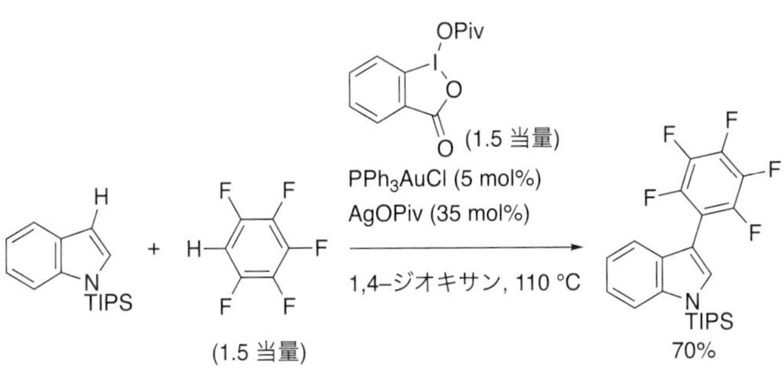

TIPS = トリイソプロピルシリル
Piv = ピバロイル

図 2.10　金（Au）触媒によるインドールの酸化的 C–H アリール化反応

アレーンの 2 つの C-H 結合活性化を経る酸化的ビアリール合成を
報告している（図 2.10）[23]．触媒として用いる Au（Ⅰ）が超原
子価ヨウ素化合物に酸化され Au（Ⅲ）が生成し，S$_E$Ar 機構でイン
ドールの C-H 結合を切断する．

2.4　協奏的メタル化脱プロトン化

　アレーンへの金属の付加による Wheland 中間体の生成と脱プロ
トン化の 2 段階で進行する芳香族求電子置換反応に対し，C-M 結
合形成（メタル化）と脱プロトン化が 1 段階で進行する反応機構は
協奏的メタル化脱プロトン化，もしくは CMD（Concerted Metala-
tion Deprotonation）と呼ばれる（図 2.11）[24]．塩基としては，6
員環遷移状態をとれるカルボキシラートがよく用いられる．

　1955 年に Winstein と Traylor は，ジフェニル水銀の酢酸による
プロトン化反応が協奏的に進行することを提唱した（図 2.12）[25]．
この反応は，C-H 結合切断を伴うベンゼンの水銀化反応の逆反応
にあたる．その後 1980 年に，Hg(OC(O)CF$_3$)$_2$ によるベンゼンの水

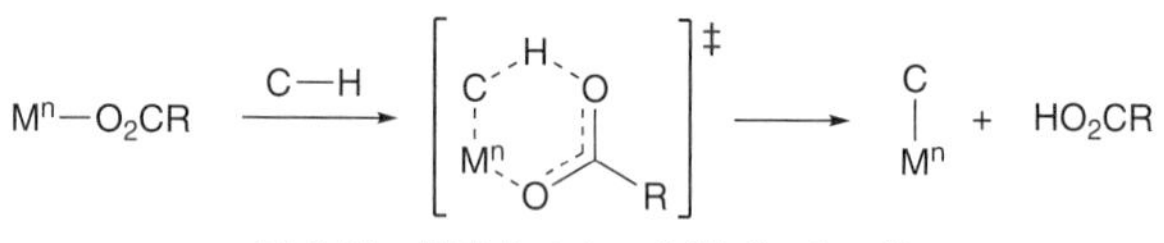

図 2.11　協奏的メタル化脱プロトン化

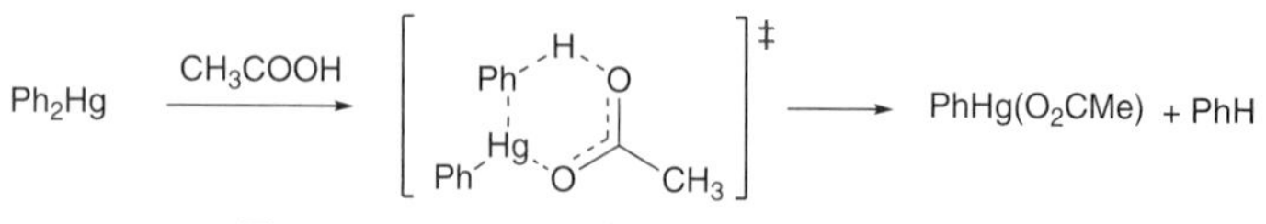

図 2.12　ジフェニル水銀の酢酸によるプロトン化

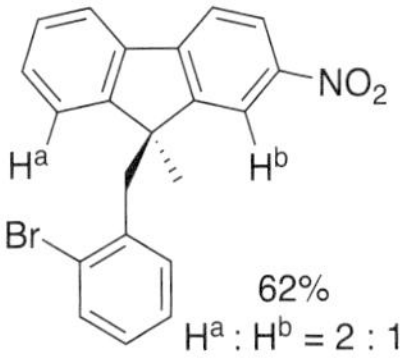

反応条件:
$Pd(OAc)_2$ (11 mol%)
K_2CO_3 (3 当量)
$BnMe_3NBr$ (1 当量)
DMF, 100 °C, 24 h

DMF = *N,N*–ジメチルホルムアミド

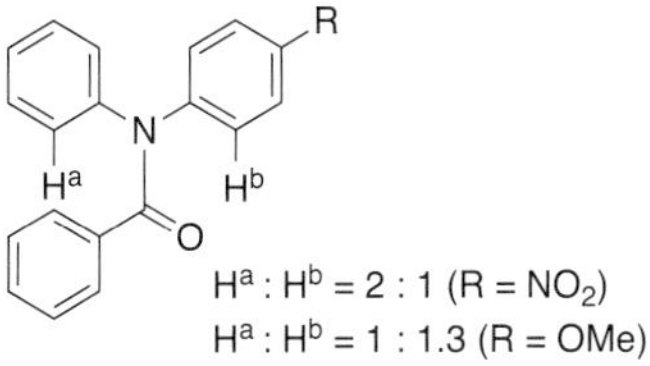

反応条件:
触媒 $Pd(OAc)_2$
触媒 PCy_3•HBF_4
K_2CO_3 (2 当量)
DMA, 130 °C

DMA = *N,N*–ジメチルアセトアミド

図 2.13 パラジウム触媒による分子内芳香族 C–H アリール化反応：アレーンの電子効果の位置選択性への影響

銀化反応自体が CMD 機構で進行していることが Roberts らにより提唱されている［26］.

1970 年代前半には，イリジウム，白金，パラジウムを用いるシクロメタル化反応が，NaOAc を塩基として加えると加速されることが Shaw らにより見出された［27］．その後，Ryabov らは $Pd(OAc)_2$ による *N, N*–ジメチルベンジルアミンのシクロメタル化の詳細な反応機構研究により，Pd(Ⅱ) とアセタートが構造制御されたコンパクトな遷移状態をとり協奏的に C–H 結合を切断する CMD 機構を提唱した［28］．これらの分子間および分子内 CMD 機構は，榊 ら［29］，Davies，MacGregor ら［30］，Gorelsky，Fagnou ら［31］による計算化学を用いた機構研究からも支持されている．

触媒反応については，Echavarren ら［32］，Fagnou ら［33］が分子内芳香族 C–H アリール化反応の実験的機構研究を行った．これらの反応は，アレーンの電子状態にあまり影響されない（図 2.13），速度論的同位体効果が大きいなどといった S_EAr 機構とは異

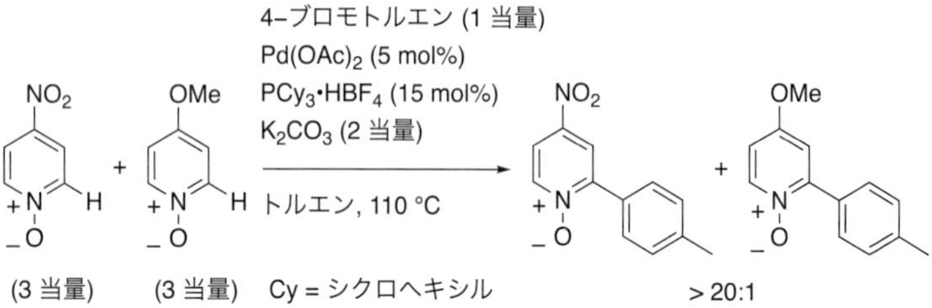

図 2.14　パラジウム触媒による分子間芳香族 C-H アリール化反応：アレーンの電子効果の位置選択性への影響

なる特徴を示す.

　Fagnou らはさらに, ピリジン *N*-オキシドを基質に用いる触媒的な分子間芳香族 C-H アリール化反応を報告した [34]. 電子不足な基質で反応がより進行しやすいこと, C-H/C-D 基質の分子間競争反応における速度論的同位体効果が大きいことから, やはり S$_E$Ar 機構の可能性を否定している（図 2.14）. 反応の位置選択性は, CMD 機構に基づく DFT（Density Functional Theory）計算により再現されている [31].

2.5　その他

　上記 4 つの反応機構が代表的な C-H 結合切断の反応機構として一般に受け入れられている. そのほかにも, 金属中心の炭素原子への求核的攻撃を起点とする C-H 結合切断反応 [35], Heck 型反応, 金属カルベンによる C-H 結合への挿入反応（5.2 節）, 金属-配位子多重結合（M=CR$_2$, M ≡ CR, M=NR など）への [2+2] 付加反応, 金属オキソ錯体（M=O）による水素ラジカル（H$^{\bullet}$）引き抜きと引き続く R$^{\bullet}$ と M-OH の再結合による ROH 生成反応 [36], 1,5-

水素移動を利用する反応（[37]，図 3.13 参照）など，さまざまな反応機構で進行するそれぞれに特徴的な C–H 結合官能基化反応が知られている．

　C–H 結合活性化反応が一大研究領域へと発展した大きな要因の一つは，反応機構に対する理解の深まりである．中間体の観測・単離同定，各種分析手法を用いる反応速度論研究，同位体標識実験，速度論的同位体効果測定 [38]，計算化学の手法を用いた理論研究 [39] などが重要な役割を果たしてきた．より効率的かつ選択的な C–H 結合活性化反応を実現するためには，新たなアイデア，反応機構に基づく反応の開発と反応機構に対する深い理解が今後も欠かせない．

第3章

配向基を利用するC–H結合活性化反応

3.1 C–C結合形成反応

3.1.1 オルト位C(sp²)–H結合活性化反応

　藤原・守谷反応のような先駆的な遷移金属触媒を用いるC–H結合活性化反応（図1.5）は，溶媒量のアレーン基質を必要とし，位置選択性や触媒活性が低かった［6］．1993年に村井らは，配向基を利用することで，1当量のアレーン基質でもC–H結合活性化反応が高効率かつオルト位選択的に進行することを見出した（図3.1）［14］．本研究は，金属錯体によるシクロメタル化反応に関する知識と合成化学者の知識を結びつける重要な成果となった［40］．

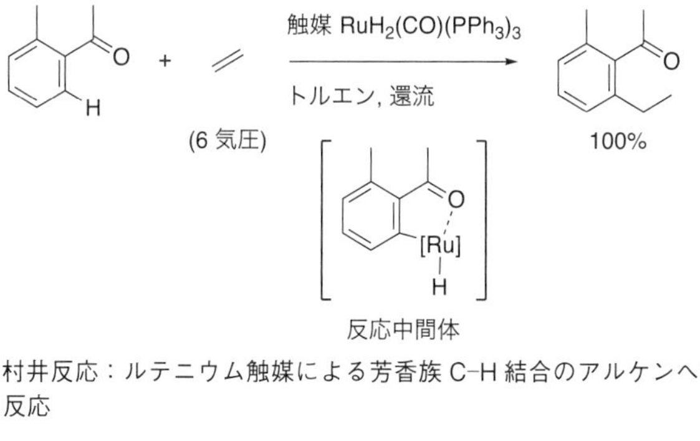

図3.1　村井反応：ルテニウム触媒による芳香族C–H結合のアルケンへの付加反応

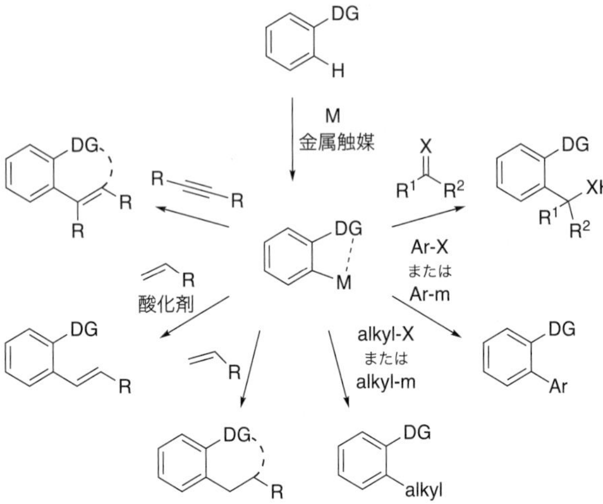

図 3.2　配向基を利用する C–H 結合活性化反応

　この報告をきっかけとして，配向基を利用する C–H 結合活性化
反応の研究は急速に進展した（図 3.2）［41］．さまざまな配向基が
開発され，アレーン，ヘテロアレーン，およびアルケンの触媒的 C
–H 結合活性化が可能になった．なかでも，ピリジル基やイミノ基
といった配位力の強い窒素配向基を利用する反応がまずは精力的に
研究された．C–H 結合活性化により生じるメタラサイクルは，

（1）有機ハロゲン化物などの求電子剤
（2）有機金属反応剤などの求核剤
（3）アルケン，アルキン，アレン，アルデヒド，ケトン，イミ
　　　ン，二酸化炭素

といった非極性および極性多重結合をもつ化合物と分子間もしくは

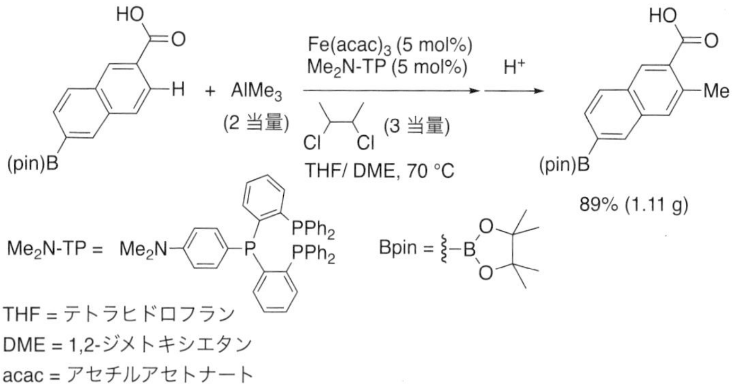

図3.3 鉄触媒による芳香族カルボン酸の直接メチル化反応

分子内で反応し，対応する生成物を与える．

　触媒として利用できる遷移金属は多岐にわたるが，なかでもパラジウム，ルテニウム，ロジウム（Rh）は優れた触媒能を発揮するため頻繁に用いられる．一方で，鉄（Fe），コバルト，マンガン（Mn）などの地球上に豊富に存在する金属を触媒として利用するサステイナブル合成への注目が年々高まっている．とくに，地殻中に最も豊富に存在する遷移金属である鉄は理想的なサステイナブル触媒であり，鉄触媒を用いる C–H 結合官能基化反応は近年精力的に研究されている [42]．たとえば，安価な鉄塩と三座ホスフィン配位子からなる触媒とトリメチルアルミニウム反応剤を用いると，カルボン酸誘導体の化学選択的なメチル化反応が温和な条件で進行する（図3.3）[43]．

　2005 年の Daugulis らによる報告 [44] 以降，二座配向基を用いる戦略の有効性が広く認識され，さまざまな C–H 結合活性化反応を効率的に進行させることができるようになってきた（図3.4）．

図 3.4 パラジウム触媒による 8–キノリルアミド二座配向基を利用する芳香族 C–H 結合のアリール化反応

コラム 2

人とは違うことをやるには

　人と違うことに取り組んで新しいことを見つける．これが研究の醍醐味だ．しかし，なぜそれをやる必要があるのかを明確に自覚しないと我慢が続かない．いつ来るか分からないチャンスを逃さない直感力も必須である．

　筆者が鉄の触媒作用の研究に注力した理由は二つある．学生時代，隣のビルにおられた辻二郎先生とは違う金属をやりたかったことが一つ．もう一つは，1990年代に熱を入れていた金属触媒反応機構の理論研究を通じて，スピン状態が複雑な鉄触媒の化学こそが，実験化学者の勘と努力で切り拓かれるべきテーマであることを知ったことである．こうして始めた鉄触媒置換型クロスカップリング反応が 2006 年の中村正治助教授（当時）の栄転で一段落したとき，さて何をやろうかと考えた．卒研生の一木孝彦君のリサーチレポートを読んでいると，ちょっと不思議な反応式が載っていた．2–ブロモピリジンとフェニル亜鉛試薬のクロスカップリングがビフェニル化体を与えている．触媒的 C–H 活性化が起きたに違いない．それにしても酸化剤も無いのになぜ…一木君に「どうなっているのか調べて」と問うたところ，大学院ではフラーレンの研究をしたいからとにべもなく断られる（彼はその後，フラーレン材料の研究で大きな成果を挙げ，博士号取得後，いまは企業の材料化学者として活躍している）．

この反応で利用される 8-キノリルアミド配向基の発見後も，金属触媒活性種の反応性を制御すべく多様な配向基が設計，開発されている［45］．

　配向基の設計が複雑になるにつれて，より合成しやすい単純な配向基の開発にも注目が集まってきている．カルボニル基は配位力が弱くまた過酷な反応条件に耐えることができないため，ベンズアルデヒドの芳香族 C–H 結合活性化反応は一般に困難である．しかし

TMEDA = *N,N,N',N'*-テトラメチルエチレンジアミン　　63%　　　　8%

　そこで，Jan Bäckvall 研究室から来た Jakob Norinder 博士に追試して貰ったが再現できない．新任の吉戒直彦助教にも参加して貰って分かったのは，一木反応条件では系内に酸素が紛れ込んでいたことだった．卒研生ならではの幸運．2-ブロモピリジンの二量化で副生する 2,2′-ビピリジンも必須だった．こうして発見した鉄触媒 C–H 活性化の論文発表が 2008 年［1］．それから 10 年間の研究成果をまとめて，2017 年 7 月に発表した総説は 1 年半にして 200 回に迫る引用を得ている［2］．今や鉄触媒 C–H 活性化は重要な研究分野になった．

［1］ J. Norinder, A. Matsumoto, N. Yoshikai, E. Nakamura：*J. Am. Chem. Soc.*, **130**, 5858（2008）.
［2］ R. Shang, L. Ilies, E. Nakamura：*Chem. Rev.*, **117**, 9086（2017）.

（東京大学総括プロジェクト機構・大学院理学系研究科化学専攻　中村栄一）

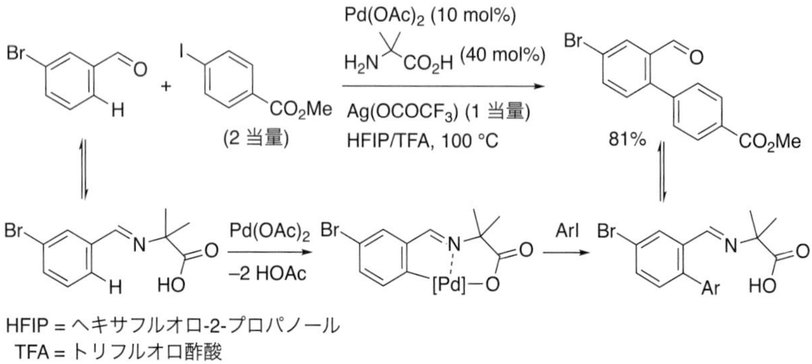

HFIP = ヘキサフルオロ-2-プロパノール
TFA = トリフルオロ酢酸

図 3.5 カルボニル基から系中で発生させたイミノ基を一時的な配向基として利用する芳香族 C–H 結合のアリール化反応

ながら，カルボニル基をより強力なイミン配向基へ一時的に変換することにより［46］，たとえばパラジウム触媒を用いると，ベンズアルデヒドを基質として用いることもできる（図 3.5）［47］．

3.1.2 オルト位以外の C(sp²)–H 結合活性化反応

一般に，配向基を用いる戦略では配向基近傍のオルト位 C–H 結合しか官能基化できないことが大きな制約となる．この問題を解決するため，オルト位以外の遠隔の C–H 結合を官能基化するための戦略が報告されている．たとえば，やや複雑ではあるが精密に設計した配向基を用いることで，メタ位［48］やさらにはパラ位［49］の官能基化が可能になった（図 3.6 と図 3.7）．また，配向基を非共有結合相互作用を利用して一時的に導入し，メタ位を選択的に官能基化する例も報告されている［50］（コラム 3 と 4 も参照）．

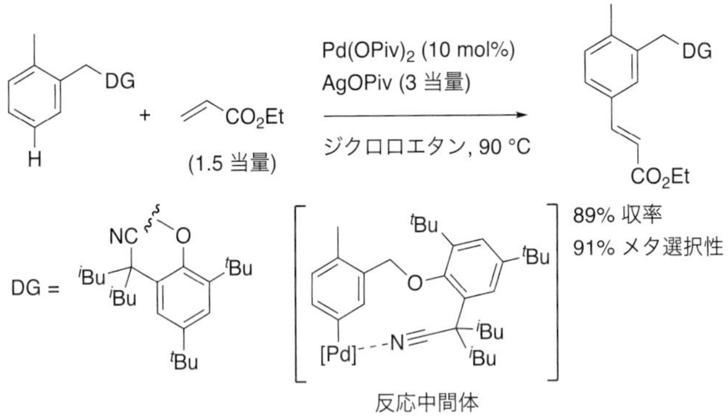

図 3.6　パラジウム触媒によるメタ位選択的な芳香族 C–H 結合のアルケニル化反応

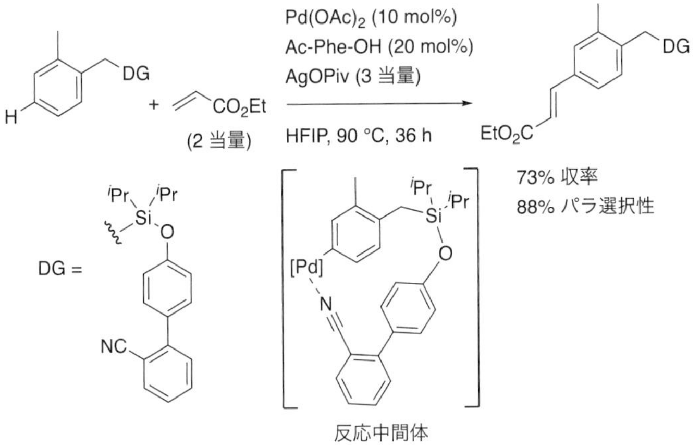

Ac-Phe-OH = *N*-アセチル-L-フェニルアラニン

図 3.7　パラジウム触媒によるパラ位選択的な芳香族 C–H 結合のアルケニル化反応

コラム **3**

協働触媒による反応加速とサイト選択性制御の両立

　C–H活性化において，現在，最重要課題の一つがサイト選択性の触媒による制御である．一置換ベンゼンのオルト位での反応には，置換基がそのまま配向基として利用できることが多いが，メタ位，パラ位の制御は難しい．触媒を，配向基に作用するものと，C–H活性化を担うものに役割分担させる協働触媒が有効な解決策の一つとなりつつある．この二つの触媒をうまく配置してやれば，メタ位，パラ位，さらには狙った位置のC–Hを活性化できる可能性がある．単独触媒で進行してしまい，サイト選択性のないバックグランド反応を抑える必要もある．したがって，配向基に作用する触媒は，たとえばLewis酸のように基質を電子的に活性化して，C–H活性化を加速できるものがよい．最も単純な協働触媒は，二つの触媒を立体反発で遠ざけてやるもので，パラ位選択性の制御に使える．ただし，通常あまり考える機会のない触媒同士の立体反発を意図して設計することは容易ではない．計算によるサポートが必要になる．たとえば，下記に示すパラ位選択的C–Hアルキル化において，まったく予想しなかった配位子外周部の*m*-キシリル基が非常に重要であることが計算でわかった [1]．

二つの触媒を適切な距離でつなぐと，反応加速とメタ位選択性制御が両立できる．Ir と Lewis 酸触媒をつないだメタ位選択的 C–H ホウ素化触媒の例を示す [2].

協働触媒は，C–H 活性化における反応加速と反応サイト選択性の制御を両立できるよい手法である．その設計・理解には，実験と計算の協働も極めて重要であることはいうまでもない．

[1] S. Okumura, S. Tang, T. Saito, K. Semba, S. Sakaki, Y. Nakao：*J. Am. Chem. Soc.*, **138**, 14699（2016）.

[2] L. Yang, N. Uemura, Y. Nakao：*J. Am. Chem. Soc.*, **141**, 7972,（2019）.

（京都大学大学院工学研究科　中尾佳亮）

コラム 4

金属酵素のように水素結合を使おう！

有機分子には，さまざまな種類の炭素–水素（C–H）結合が数多く含まれるため，狙った位置の C–H 結合のみを切断し新たな結合を構築する，位置選択的な C–H 結合変換反応の開発が重要な研究課題の一つである．位置選択性制御法で最もよく用いられる方法として，配向基を用いる手法が挙げられる（配向基には研究者によってさまざまな解釈があるが，ここでは触媒金属に配位し C–H 結合変換反応を促進する，基質に含まれる配位性官能基のことを指す）．

筆者はアカデミックポジションに就いてから，大学 1 年生のころから興味のあった C–H 結合変換反応の開発研究をスタートしたが，研究を進めるうちに配向基以外の方法で位置選択性を制御する必要性を感じ始めた．そこで，あれこれ思いを巡らせていたところ，大学 1 年生の頃より興味があり個人的に勉強していた超分子化学の内容が頭をかすめた．「金属酵素のように水素結合を使おう！」触媒デザインをいろいろと試行錯誤した結果，担当していただいた学生さんや博士研究員の方の頑張りもあり，メタ位選択的な C–H ボリル化反応として，C–H 結合変換反応における新しい位置選択性制御法を世に送り出すことができた [1]．

最近では，我々の系に基づいて，さまざまな位置選択的 C–H 結合変換反応が報告されている．我々もさらに研究を展開することで，C–H 結合変換の化学に新しい局面をもたらしたいと考えている．

[1] Y. Kuninobu, H. Ida, M. Nishi, M. Kanai：*Nat. Chem.*, **7**, 712（2015）.

（九州大学先導物質化学研究所　國信　洋一郎）

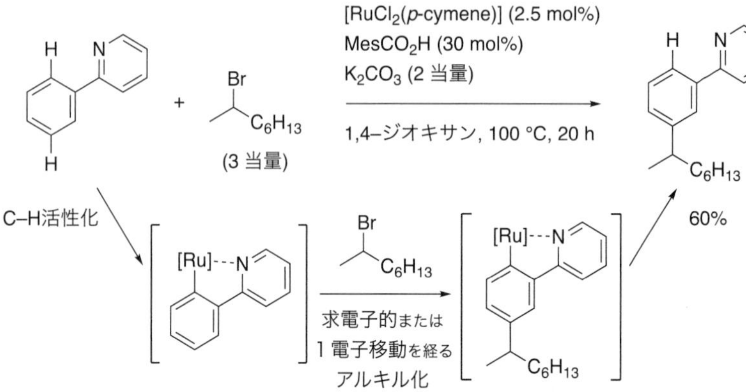

図 3.8　ルテニウム触媒によるメタ位選択的な芳香族 C–H 結合のアルキル化反応

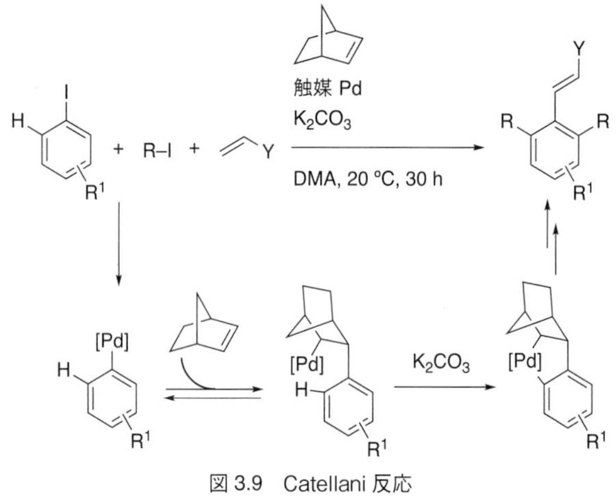

図 3.9　Catellani 反応

　より単純なピリジル基を配向基とした場合でも，メタ位選択的に C
–H 結合を官能基化する方法が報告されている．この反応では，まず
配向基のオルト位がメタル化されたのち，金属のパラ位で求電子的

なもしくはラジカル機構を経るアルキル化が進行するため，結果的に配向基のメタ位でアルキル化が進行することになる（図 3.8）［51］.

　ハロゲン化アリールに対してノルボルネン類縁体存在下でパラジウム触媒を作用させると，ハロゲン化アリールのパラジウムへの酸化的付加，ノルボルネンの挿入に続き，ハロゲンのオルト位 C–H 結合が切断されることによって 3 成分カップリング反応が進行する．この反応は Catellani 反応と呼ばれる（図 3.9）［52］.　この戦略

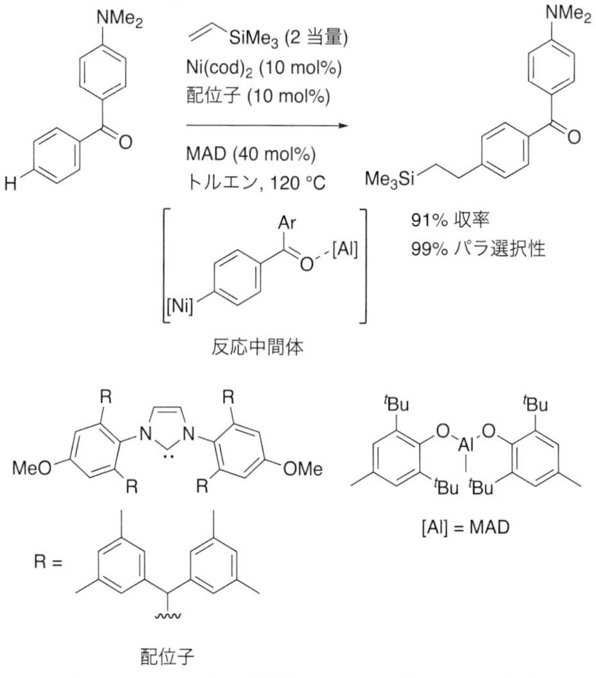

図 3.10　ニッケル–アルミニウム共触媒によるパラ位選択的な芳香族 C–H 結合のアルキル化反応

を用いた反応開発は盛んに行われており，さまざまな応用反応が報告されている［53］.

　2種類の金属の協働作用を利用することで，芳香族カルボニル化合物のパラ位 C–H 結合を選択的に活性化することもできる［54］.すなわち，嵩高いアルミニウム Lewis 酸がカルボニル基へ配位すると，カルボニル基まわりの立体障害が大きくなると同時に，ベンゼン環の電子密度が低下するため，ニッケル触媒により C–H 結合をパラ位選択的に効率的に切断することができる（図3.10）.

3.1.3　C(sp³)–H 結合活性化反応

　C(sp³)–H 結合活性化反応は古くから知られていたものの（たとえば Shilov 反応），これらの基質の活性化はアルキル基と金属触媒の間の相互作用が非常に弱いために，C(sp²)–H 結合活性化反応よりも困難である．C(sp³)–H 結合活性化を促進するためにさまざまな配向基が利用されており，なかでもアニオン性二座配向基が特に効果的であることが Daugulis らにより実証された．すなわち，2005 年に彼らは世界に先駆けて，パラジウム触媒を用いる脂肪族 C–H 結合活性化反応を 8–キノリルアミド二座配向基を利用することで達成した（図3.11）［44］.

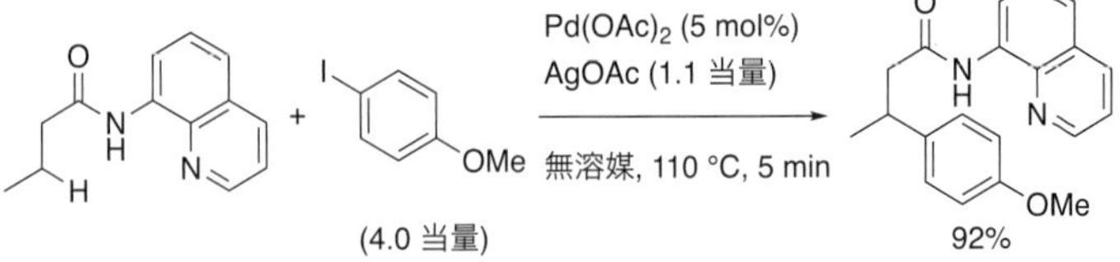

図3.11　パラジウム触媒による 8–キノリルアミド二座配向基を利用する脂肪族 C–H 結合のアリール化反応

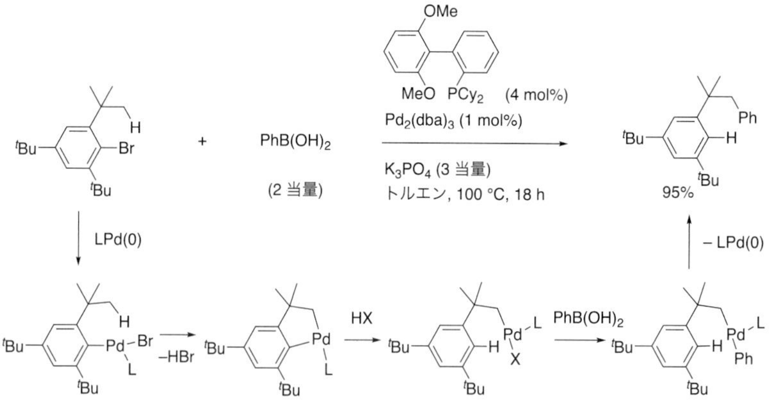

dba = ジベンジリデンアセトン

図 3.12　パラジウム触媒による C–Br 結合の切断を起点とする脂肪族 C–H 結合
　　　　のアリール化反応

　有機ハロゲン化物を「配向基」として用いると，C(sp³)–H 結合
活性化を効率的かつ選択的に行うことができる．芳香族ハロゲン化
物のパラジウムへの酸化的付加で生じる中間体から位置選択的に金
属近傍の C(sp³)–H 結合切断が進行するのを鍵段階として，分子内
[55] および分子間 [56] 反応により新しい C–C 結合が形成される
（図 3.12）．

　有機鉄種がもつ有機金属的およびラジカル的な二重の反応性を利
用することで，温和な条件で C(sp³)–H 結合を官能基化できる．低
原子価鉄と芳香族ヨウ化物の反応により生じる有機鉄中間体がラジ
カル性を帯びているため，1,5-水素移動により γ 位の C(sp³)–H 結
合を選択的に切断し，引き続き官能基化することができる（図
3.13）[57]．

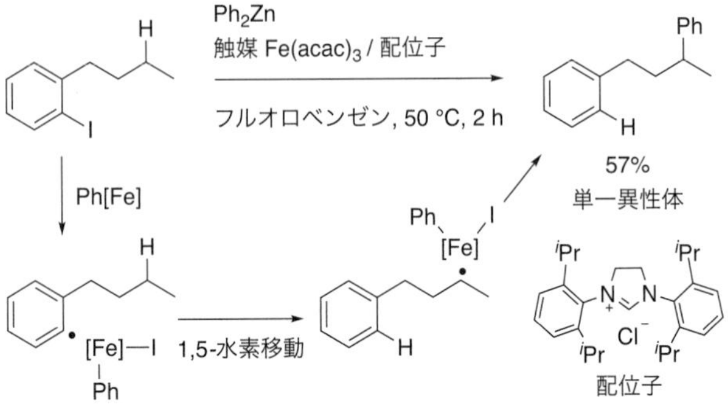

図 3.13 鉄触媒による C–I 結合の切断を起点とする脂肪族 C–H 結合のアリール化反応

3.2 C–X 結合形成反応

パラジウムは配向基を利用する C–H 結合活性化反応において，最も汎用性の高い触媒としての地位を確立しており，炭素–ヘテロ原子結合形成反応にも広く利用されている［58］．図 3.14 に示すように，Pd（II）活性種による求電子的な C–H 結合活性化の後，NXS［59］，CuX₂［60］，IOAc［61］などと反応させることで対応する C–X 結合を形成することができる．また，フッ素化ピリジニウムのような求電子的なフッ素化剤を用いることで，ヨウ素，臭素，塩素だけでなくフッ素原子を導入することもできる［62］．これらの反応は，Pd（II）中間体が酸化されて生成する Pd（IV）中間体や高原子価複核パラジウム中間体を経由していることが提唱されている．パラジウム触媒による C–H 結合活性化後に，酸素原子［63］や硫黄原子［64］を導入することも可能である（図 3.15）．

アミンは，有機化学において最も重要な化合物群であるため，

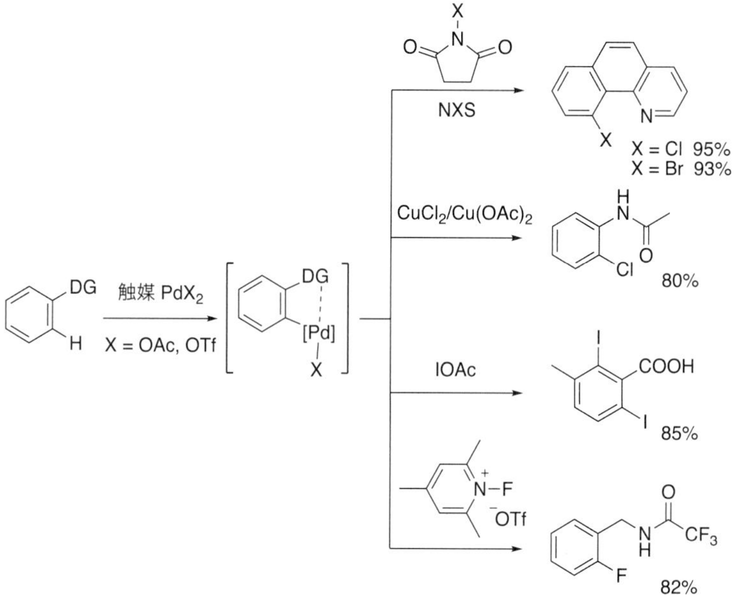

図 3.14 パラジウム触媒による芳香族 C–H 結合のハロゲン化反応

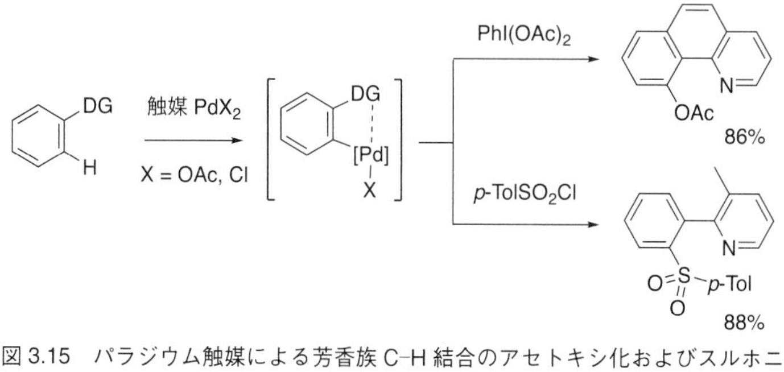

図 3.15 パラジウム触媒による芳香族 C–H 結合のアセトキシ化およびスルホニ
ル化反応

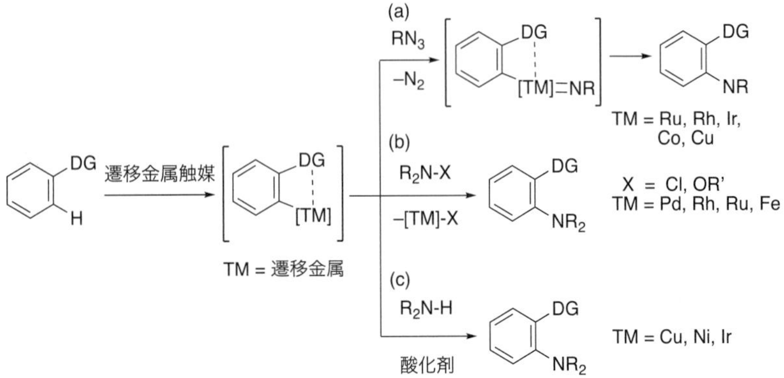

図 3.16 遷移金属触媒を用いる芳香族 C–H 結合のアミノ化反応

C–H 結合のアミノ化反応は特に精力的に研究されている［65］．アミノ化剤としてはナイトレン前駆体，脱離基をもつアミン，および単純アミンの3種類が用いられる．さまざまな遷移金属触媒を用いて，これらのアミノ化剤による配向基をもつアレーンのアミノ化反応が進行することが報告されている．たとえば，C–H 結合活性化後に生成するメタラサイクル中間体はナイトレン前駆体と反応し，金属ナイトレン中間体を経てアミノ化生成物を与える（図3.16a）．あるいは，メタラサイクル中間体は，置換機構もしくは酸化的付加–還元的脱離機構を経て，求電子的アミノ化剤と反応する（図3.16b）．適切な金属触媒と酸化剤を組み合わせることにより，最も理想的なアミノ化剤であるアミンも最近利用できるようになった（図3.16c）．

　同様の反応剤は，C–H 結合のアミド化にも利用される．それ以外にも，遷移金属触媒による C–H 結合のニトロ化反応やアジド化反応が，C–N 結合形成反応として知られる．

第4章

配向基を利用しない C–H 結合活性化反応

4.1 C–C 結合形成反応

4.1.1 C(sp²)–H 結合活性化反応

配向基を利用しないパラジウム触媒による単純アレーンとアルケンのカップリング反応（藤原・守谷反応，図 4.1）は 1960 年代には知られていたものの [6]，変換効率や位置選択性が低くそのままでは精密有機合成への応用は難しい．そのため，より高い反応性や位置選択性が期待できる配向基を利用したアレーンの C–H 結合活性化反応の開発が盛んに行われることとなった．このことは第 3 章で述べた．しかしながら，適用できる基質が大きく限られる，配向基の導入および除去が必要となるといった問題のため，配向基を利用せずにより簡便かつ高効率，高選択的に進行する C–H 結合活性化反応の開発が望まれている．これらの背景から，単純基質の C–H 結合を位置選択的に活性化し官能基化する触媒の開発が近年盛んに行われ，有機合成化学におけるホットトピックの一つとなっている [66]．

現在のところ，この種の反応に広く利用されている遷移金属触媒はパラジウムである．多くの報告例において藤原・守谷反応と同様に過剰量のアレーンを基質として用いることが必要である（図 4.1）．この問題の解決に Yu らは取り組み，巧みな配位子設計によっ

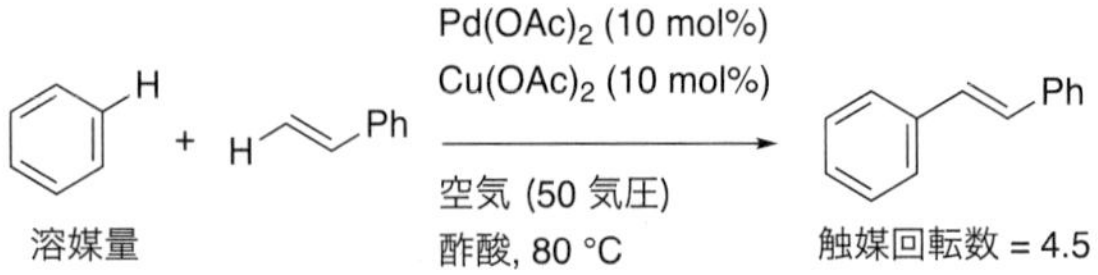

図4.1　藤原・守谷反応

て，1当量のアレーンを基質として用いた場合でも高い反応効率を
実現できることを報告した［67］．この反応の触媒活性種と考えら
れる求電子的パラジウムは，一般に電子不足なアレーンを基質とし
て用いると反応性が低下することが問題であった．著者らは，内部
塩基として働く2-ピリドン配位子を設計し用いることで反応が加
速されることを見出した．この配位子を用いることで種々のアレー
ンを効率よく官能基化することができるが，反応の位置選択性には
改善の余地が残されている（図4.2）．

　パラジウム以外の遷移金属も触媒として利用されている．Yuら
はロジウム二核錯体とホスフィン配位子を組み合わせることで，1
当量のアレーンがアルケンと反応することを報告している［68］．
また，金錯体を触媒として用いることで，1当量のアレーンが1当
量のアリールシランと温和な反応条件下で反応することがLloyd-
Jones, Russellらにより報告されている（図4.3）［69］．アレーン
の最も電子豊富なC-H結合が選択的に切断されるため，高位置選
択的に反応が進行する．

　しかし，さらに電子的偏りの少ない単純アレーン（たとえばトル
エンなど）に対しても適用可能な，一般性の高い位置選択的官能基
化反応の開発はいまだ発展途上であり，有機合成化学における大き
な課題として残されている．

　インドールやチオフェンに代表されるヘテロアレーンは，生理活

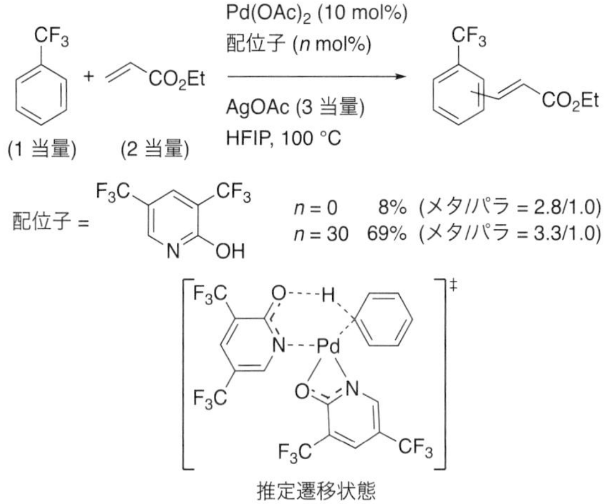

図4.2 1当量のアレーンを基質とするパラジウム触媒による芳香族 C–H 結合
のアルケニル化反応

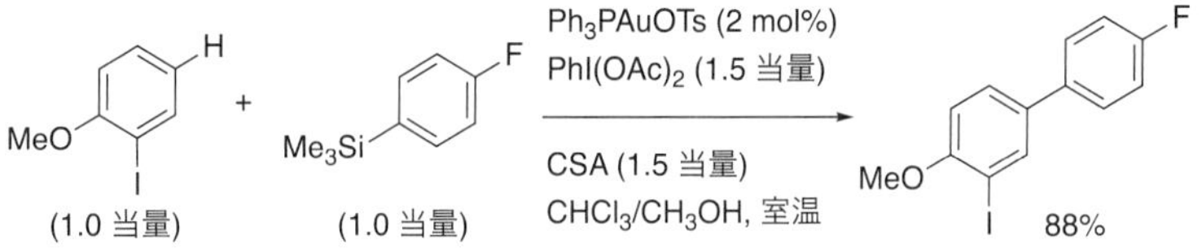

Ts = トシル
CSA = 10-カンファースルホン酸

図4.3 1当量のアレーンを基質とした金触媒による芳香族 C–H 結合のアリー
ル化反応

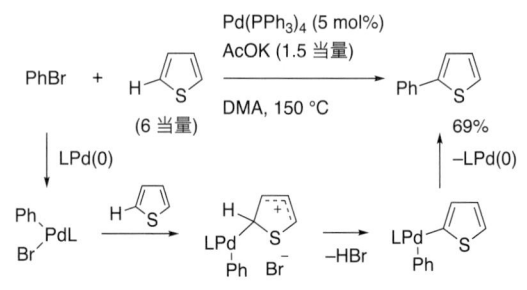

図 4.4 パラジウム触媒によるヘテロアレーンのアリール化反応

性物質や有機材料によく見られる骨格であるため，ヘテロアレーンのC–H結合官能基化反応も精力的に研究されている．ヘテロアレーンに含まれるヘテロ原子が「配向基」のような役割を果たすため，そのC–H結合活性化反応は，単純アレーンと比べてより容易に位置選択的に進行することが多い．先駆的研究としてイソオキサゾールのアリール化反応が報告された後（図4.4）［70］，同様の反応がフランやチオフェンに対しても適用可能であることが報告された［71］．基質や反応条件に依存してさまざまな反応機構が考えられるが，パラジウム触媒による電子豊富なヘテロアレーンと芳香族ハロゲン化物との反応については，芳香族ハロゲン化物がパラジウム（0）中間体に対して酸化的付加した後，ヘテロアレーンが求電子的パラジウムと反応することで進行すると考えられている．

近年報告されたパラジウム触媒によるチアゾールの連続アリール化反応は，とくに合成的有用性が高い（図4.5）［72］．パラジウム触媒による位置選択的アリール化反応を連続して行うことで，異なる3つのアリール基を選択的に逐次導入したチアゾールを簡便に合成することができる．

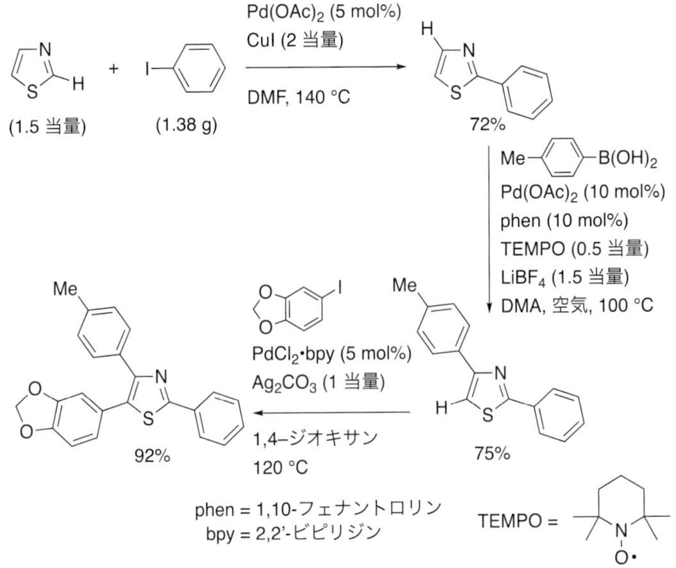

図 4.5 パラジウム触媒によるチアゾールの連続アリール化反応

4.1.2 C(sp³)–H 結合活性化反応

　配向基を利用しない C(sp³)–H 結合の選択的活性化および官能基化反応は難易度が高く，現代有機合成における最難関研究課題の一つとなっている．ラジカル開始剤を高温で使用することで生じるラジカル中間体を経る反応はいくつか報告されているものの，一般に適用範囲が狭く位置選択性の発現も難しい．金属カルベンによる C(sp³)–H 結合挿入や光触媒を利用する反応は，この難題を解決する優れた戦略であり，5.2 節および5.5 節で紹介する．

　Tilley らは，スカンジウム（Sc）触媒を用いることでアルケンへのメタンの付加反応が温和な条件下で進行することを報告した（図

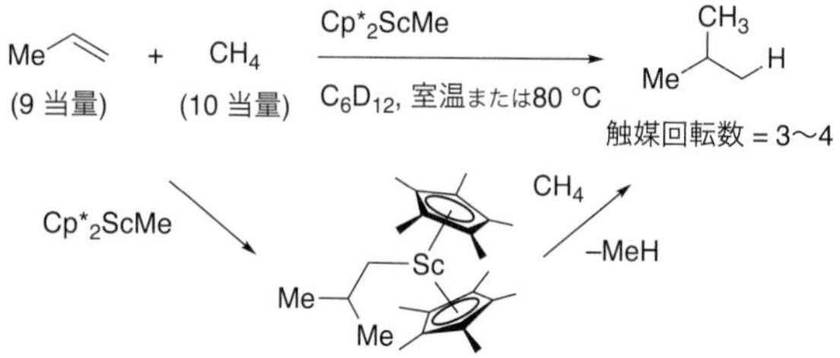

図 4.6　スカンジウム触媒によるメタンのアルケンへの付加反応

4.6）［73］．本反応は系中で生成したスカンジウムメチル錯体が二重結合に付加することで進行することが示唆されている．生成したスカンジウム中間体がメタンと σ 結合メタセシスにより反応することで，生成物が得られるとともにスカンジウムメチル錯体が再生し，触媒的付加反応が進行する．触媒効率が低く，基質適用範囲も狭いため合成的有用性は低いが，将来的に改良が進むことが期待されている．

　2 つのアルカン間での C–C 結合の組換えにより，異なる炭素鎖長をもつアルカンが生成する反応は，アルカンメタセシス反応として知られる．2005 年ノーベル化学賞の受賞研究となったアルケンのメタセシス反応と反応形式がよく似ている．シリカ担持されたタンタルヒドリド錯体触媒［74］や，ピンサー型イリジウム錯体と Schrock 型モリブデン（Mo）錯体の共触媒系が知られている（図 4.7）［75］．後者の反応は，イリジウム触媒による C–H 結合切断を経る脱水素反応，モリブデン触媒によるアルケンのメタセシス反応，イリジウム触媒による水素化反応の 3 段階からなる．アルケンの異性化が進行するため，たとえばヘキサンからは主成分であるデカン以外にも炭素鎖長の異なるアルカンが副生する．

　美多，佐藤らは，コバルト触媒と二酸化炭素を用いる，アリル位

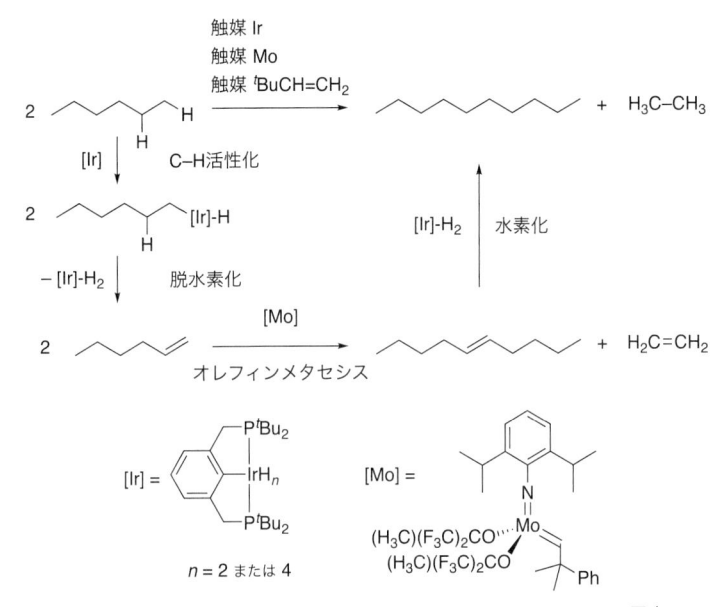

図 4.7　イリジウム–モリブデン共触媒によるアルカンメタセシス反応

C–H カルボキシル化反応による β, γ–不飽和カルボン酸の合成を報告した（図 4.8）[76]．Co（I）メチル活性種による C–H 結合切断とメタンの脱離を経て生成する Co（I）アリル中間体が二酸化炭素へ求核攻撃することで生成物が得られると考えられている．この触媒系は，アリル位 C–H 結合のケトンへの付加によるホモアリルアルコールの合成へも適用できる [77]．

　単純脂肪族アルケンのアリル位 C–H 結合官能基化反応としては，銅触媒と超原子価ヨウ素化合物を用いるアリール化反応 [78] やトリフルオロメチル化反応 [79] も報告されている．そのほかにも，鉄触媒と Grignard 反応剤 [80]，可視光照射下におけるイリジ

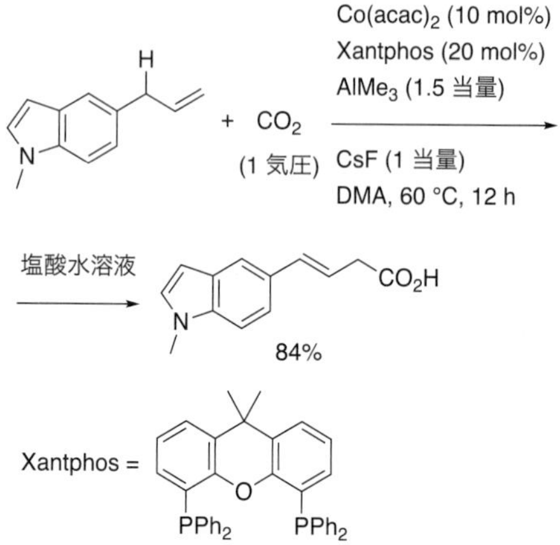

図 4.8 コバルト触媒によるアリル位 C–H 結合のカルボキシル化反応

ウム–有機分子共触媒と芳香族ニトリル［81］，ロジウム触媒とホウ素化合物［82］，パラジウム触媒と電子不足アレーン［83］などの組み合わせを利用するアリル位 C–H 結合アリール化反応が知られている．

4.2 C–X 結合形成反応

　配向基を利用しない C–H 結合活性化を経る C–ヘテロ原子結合形成反応は，現在までにさまざま反応形式が報告されている．なかでも，C–O 結合を形成する酸化反応は精力的に研究されている．1998 年に Periana らにより白金触媒によるメタン酸化反応が報告されたことをきっかけとして（図 4.9）［84］，近年メタンの直接酸化反応に注目が集まっているが［85］，実用に適した酸化プロセス

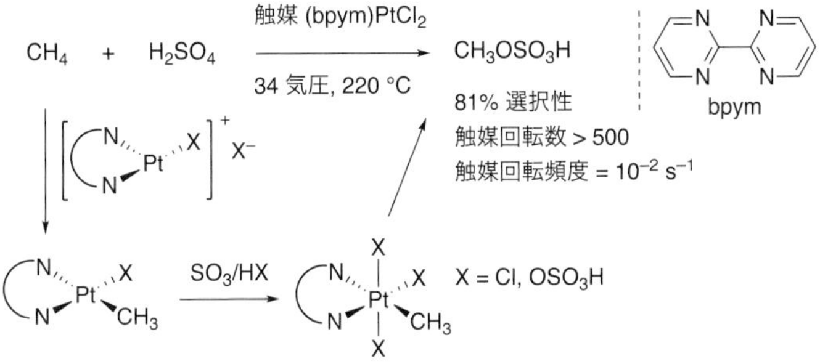

図 4.9 白金触媒によるメタン酸化反応

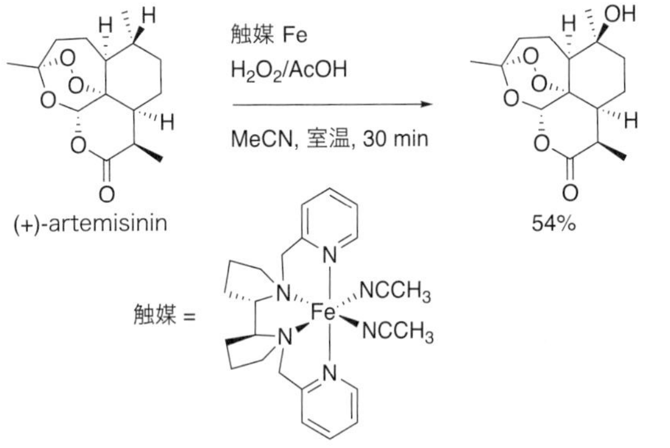

図 4.10 鉄触媒による位置選択的 C–H 結合酸化反応

実現への道は始まったばかりである.

鉄触媒を用いた温和な条件下での位置選択的酸化反応が White らによって報告されている（図 4.10）[86]. 修飾される位置の電子状態および立体状態を考慮することで，反応の位置選択性を予測することができる.

ヘテロアレーンの C–H 結合アミノ化反応は広く研究されている

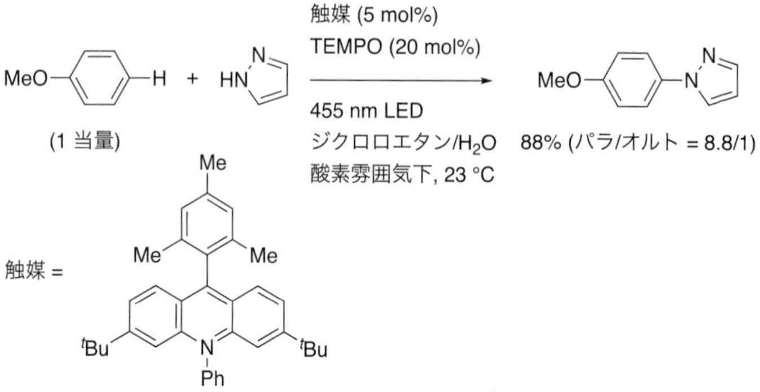

図 4.11　光触媒による C–N 結合形成反応

一方で，単純アレーンのアミノ化反応はより困難な研究課題とされている [65]．可視光照射下，アクリジニウム触媒を 1 当量の電子豊富なアレーンとアゾールもしくはアンモニア前駆体に対して作用させると，C–N 結合形成反応が進行することが報告された（図 4.11）[87]．

　イリジウム触媒によるホウ素化反応は，配向基を利用しない C–H 結合活性化反応の中で最もよく研究され成功を収めている反応の一つである [88]．イリジウムホウ素錯体の量論反応や触媒的ホウ素化反応の初期検討をもとに，Hartwig，宮浦，石山らはイリジウム（Ⅰ）とビピリジン配位子を組み合わせることで，室温でアレーンの高効率なホウ素化反応が進行することを報告した [89]．とくに電子不足アレーンは，溶媒量ではなく 1 当量用いたときでも反応が速やかに進行する（図 4.12）[90]．この反応は現時点で最も効率的な C–H 結合活性化反応の一つであり，さまざまな分野で利用されている．

　詳細な反応機構研究から，イリジウム（Ⅲ）ホウ素錯体が活性種

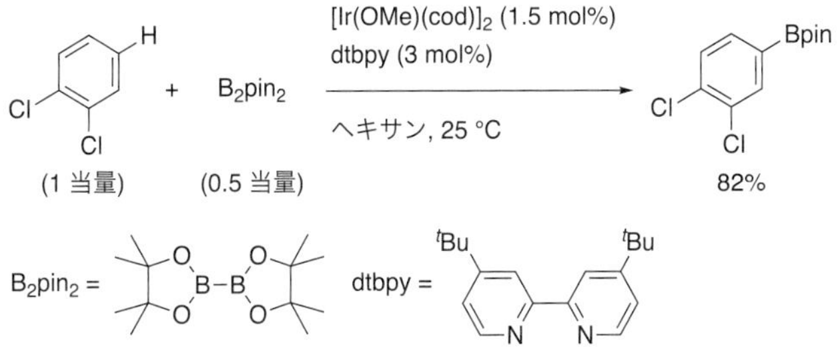

B2pin2 =　　　　　　　　　dtbpy =

図 4.12　イリジウム触媒による芳香族 C–H ホウ素化反応

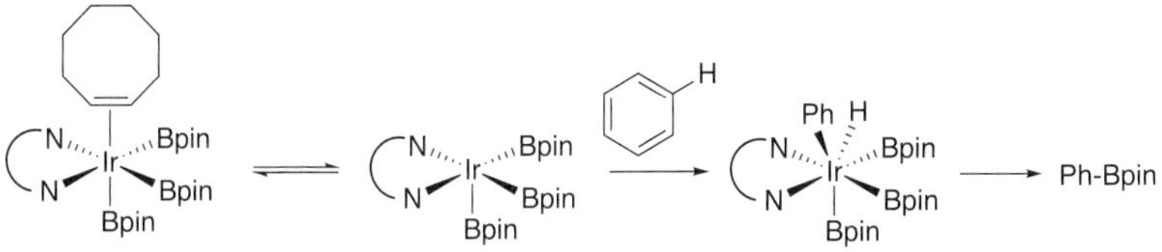

図 4.13　イリジウム触媒によるアレーンのホウ素化反応における推定反応機構

であると考えられている．アレーンの C–H 結合の酸化的付加により 7 配位イリジウム（V）中間体が生成し，引き続く C–B 結合の還元的脱離により目的のホウ素化物が得られる（図 4.13）．本反応における反応速度は律速段階である酸化的付加段階で決定される[91]．

　ホウ素化反応の位置選択性は基質の電子状態や立体状態によって主に決まり，一般的なビピリジン配位子を用いるとメタ体とパラ体の混合物として生成物が得られる．一方，瀬川，伊丹らは，嵩高い配位子を用いることで立体的に最も空いている C–H 結合が切断され，高いパラ位選択性でホウ素化できることを報告した（図 4.14）[92]．

　アルカンのホウ素化反応も種々の遷移金属触媒を用いて同様に報

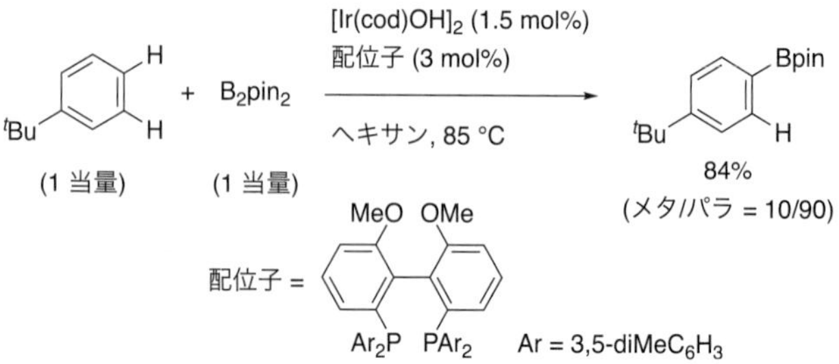

図 4.14　イリジウム触媒によるアレーンのパラ位選択的ホウ素化反応

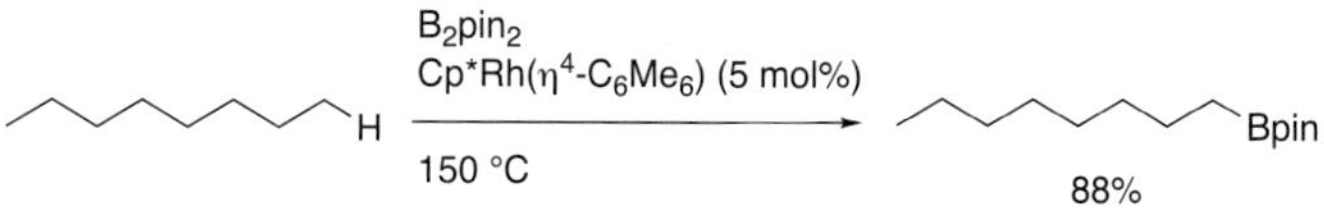

図 4.15　ロジウム触媒によるアルカンのホウ素化反応

告されている．ロジウム触媒を用いた効率的な反応が Hartwig らによって報告されており（図 4.15）[93]，位置選択的に最も立体的に空いている末端 C–H 結合を切断しホウ素化することができる．より困難なメタンのホウ素化反応も，Sanford ら [94]，Smith，Baik，Mindiola ら [95] によりロジウムもしくはイリジウム触媒を用いて達成された．

　アレーンの C–H ホウ素化反応と類似の反応条件で C–H ケイ素化反応も進行する [96]．ロジウム触媒（図 4.16）[97] やイリジウム触媒 [98] による，1 当量のアレーンおよびヘテロアレーンに対する温和な C–H ケイ素化反応が Hartwig らにより報告されている．とくに，嵩高い HSiMe(OSiMe₃)₂ を用いるケイ素化反応は，B₂pin₂を用いるホウ素化反応よりも立体環境のわずかな違いを識別することができるため，位置選択性が向上する．その一方で，ケイ素化反

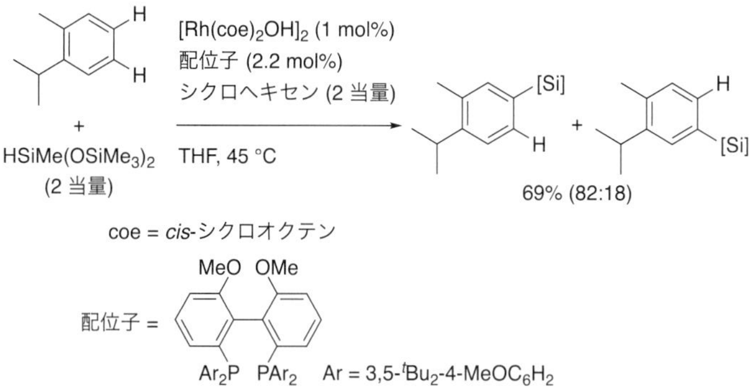

図 4.16　ロジウム触媒によるアレーンのケイ素化反応

応では多くの場合に，系中で副生する水素を捕捉するためにアルケ
ンを共存させる必要がある．

　数ある C–X 結合形成反応の中でも，C–H フッ素化反応が近年注
目を集めている．最も単純なフッ素化剤であるフッ素ガスは反応性
が非常に高いため選択性制御が難しく，フッ化物イオンも求核性が
低いため塩基として作用すると副反応を誘発してしまう．そのた
め，これらの代替となるフッ素化剤や触媒系の開発が盛んに行わ
れ，実用的なフッ素化反応が実現されてきている．Groves らはマ
ンガンポルフィリン触媒によるアルカンのフッ素化反応を報告した
（図 4.17）［99］．アルカンに対してフッ素化剤としてフッ化銀を
PhI＝O とともに作用させると，収率や選択性は中程度にとどまる
が，酸化的フッ素化反応が進行する．溶媒量ではなく 1 当量のアル
カンを基質として用いることができる点は特筆すべきである．

　2019 年に Ritter らは，有機触媒による単純アレーンの C–H 結合
切断を経る C–S 結合形成反応を報告した（図 4.18）［100］．本反応

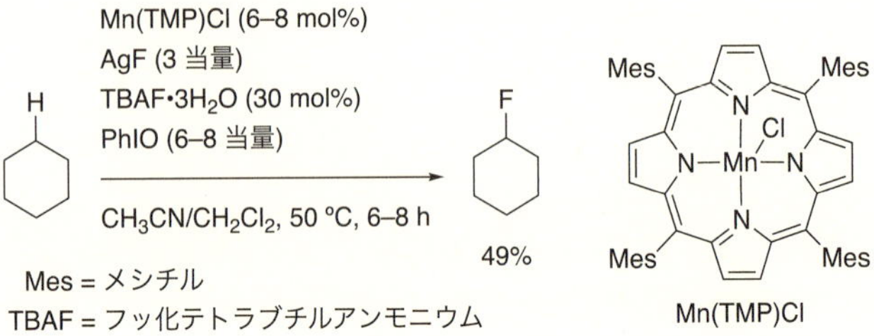

図 4.17　マンガン触媒によるアルカンのフッ素化反応

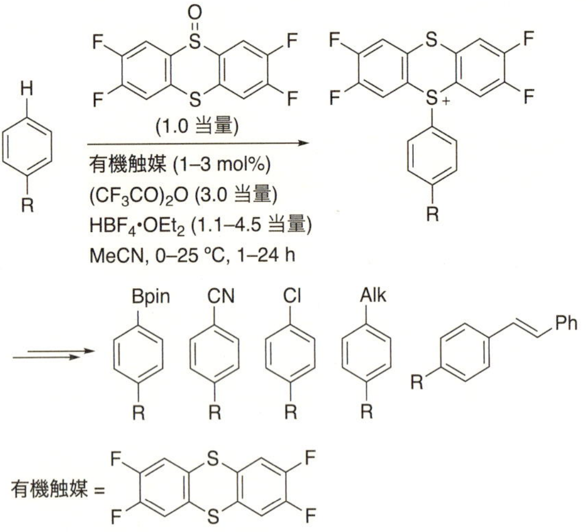

図 4.18　有機触媒による芳香族 C–H 結合の C–S 結合への変換反応

は高い効率，位置選択性，基質一般性をあわせもつ稀有な変換反応である．温和な反応条件で反応が進行するため，医薬品などの複雑な化合物にも適用できる．得られた化合物は，光触媒によってホウ素化物，ハロゲン化物などへ誘導でき，クロスカップリング反応によって最終的に C–C 結合を形成することも可能である．さらに，25 g スケールでも進行する実用的な反応であることが示されている．反応機構研究により，ラジカルカチオン中間体を経て反応が進行すると考えられている．

第5章

多様な C–H 結合活性化反応

5.1　脱水素型クロスカップリング反応

C–H 結合活性化反応において最も困難な反応形式は，直截的かつ選択的に2つの基質の C–H 結合を切断し，C–C 結合を形成するものである［101］．強固な C–H 結合を化学選択的かつ位置選択的に切断することが非常に難しいうえ，この反応形式では同じ基質同士が反応するホモカップリングを防ぐ必要もあるため，さらに難易度が高い．

脱水素型クロスカップリング反応における金字塔として，Fagnou らによって報告されたパラジウム触媒によるインドール誘導体とアレーンとのカップリング反応が挙げられる（図 5.1）［102］．本反応ではまず，インドールの電子豊富な3位に対して選択的かつ速やかなパラジウム化が起こる．生成するパラジウム中間体が過剰

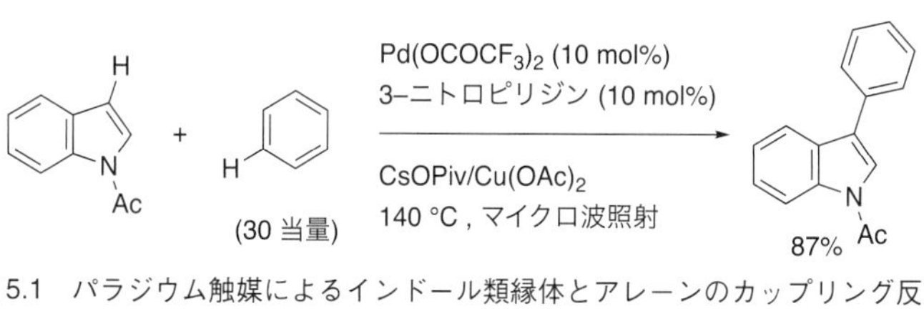
H
N
Ac
+
H
(30 当量)
Pd(OCOCF3)2 (10 mol%)
3–ニトロピリジン (10 mol%)
CsOPiv/Cu(OAc)2
140 °C , マイクロ波照射
N
Ac
87%

図 5.1　パラジウム触媒によるインドール類縁体とアレーンのカップリング反応

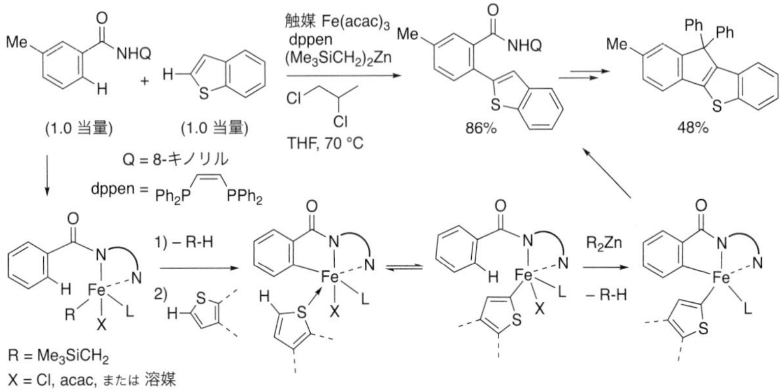

図 5.2 鉄触媒による芳香族 C–H 結合活性化を経る 1 当量の基質同士のクロス
カップリング反応

量のアレーンと優先的に反応するため，ホモカップリング反応が抑
制される.

　前述の反応では過剰量のアレーンを基質として使用する必要が
あったが，基質を 1 当量ずつ用いた触媒反応が鉄触媒によって実現
された（図 5.2）[103]. この反応条件下では，基質のホモカップ
リングが進行しない. わずかに過剰の基質を用いることで，基質内
の複数の C–H 結合を切断し，官能基化することも可能である. た
とえば，非常に高い効率（収率 98％）で 6 カ所の C–H 結合を切断
し，3 カ所の C–C 結合を形成することができる（図 5.3）. またい
くつかの生成物は，多環芳香族炭化水素（PAH；Polycyclic Aro-
matic Hydrocarbon）に導くことができる.

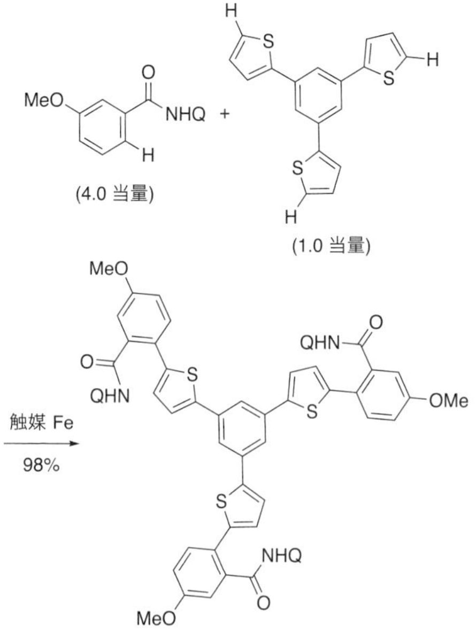

図5.3 複数の芳香族 C–H 結合活性化を経るクロスカップリング反応

5.2 金属カルベンを利用する C–H 結合活性化反応

　カルベンは中性で 2 価の炭素活性種である．遊離のカルベンは価電子を 6 つしかもたないため反応性が非常に高く，C–H 結合へ挿入し新たな C–C 結合を形成することができる．カルベンが金属により安定化された金属カルベンを利用すると，より選択的な C–H 結合への挿入が可能になる．さまざまな金属カルベンのなかでも，とくに二核ロジウムカルベンを反応活性種とする反応が精力的に研究されている．1981 年，カルベン前駆体としてジアゾ酢酸エステルを，触媒として $Rh_2(OC(O)R)_4$ を用いるアルカンの C–H 結合官

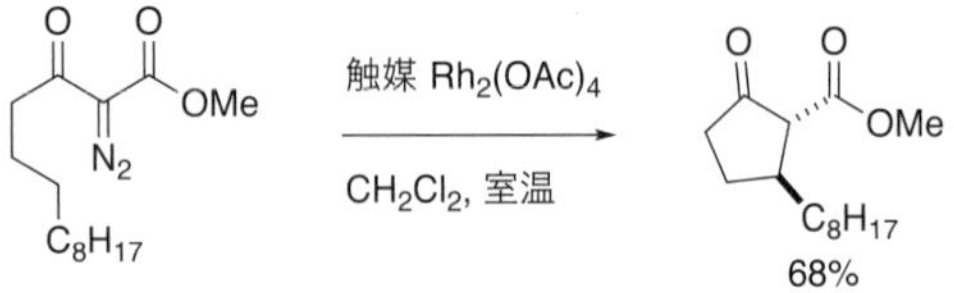

図 5.4 ロジウム触媒とジアゾ化合物を用いる分子内 C–H 挿入反応

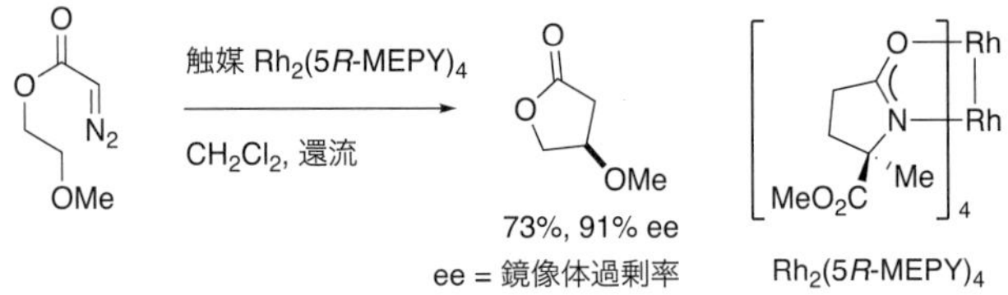

図 5.5 キラルロジウム触媒とジアゾエステルを用いる分子内不斉 C–H 挿入反応

能基化に関する先駆的な研究が Teyssié ら［104］により報告されてから，幅広い展開を見せている．翌年，Wenkert ら［105］および Taber ら［106］は，Rh₂(OAc)₄ を触媒とする分子内反応がシクロペンタノン類の効率的な合成法となることを報告した（図 5.4）．

これ以降，キラルな配位子をもつ二核ロジウム錯体を用いた不斉 C–H 結合官能基化反応が次々と開発されている．1990 年に池上ら［107］および McKervey ら［108］はキラルなカルボキシラート配位子を用いた最初の分子内不斉反応を，続いて 1991 年に Doyle ら［109］はキラルなカルボキシアミデート配位子を用いた分子内不斉反応を相次いで報告している（図 5.5）．

これまで分子内反応に用いられていたアクセプターもしくはアクセプター/アクセプター型のジアゾ化合物のかわりに，ドナー/アクセプター型のジアゾ化合物を用いる†ことで，分子間不斉反応も効率よく進行することが Davies らにより 1997 年に報告された（図

5.6）［110］.

　これらの反応における C–H 結合切断段階において，ロジウム金属中心は基質の C–H 結合と直接的には相互作用しない（図5.7）. 求電子性をもつロジウムカルベン炭素へ向かって水素はヒドリドのように移動し，挿入反応が進行する［111］. この際，もう片方の

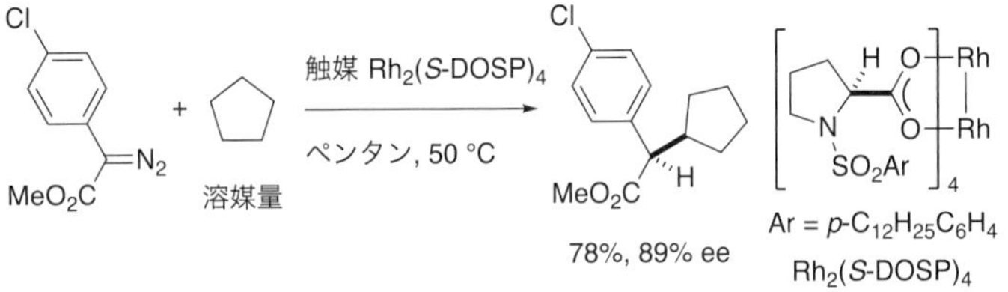

図 5.6　キラルロジウム触媒とアリールジアゾエステルを用いる分子間不斉 C–H 挿入反応

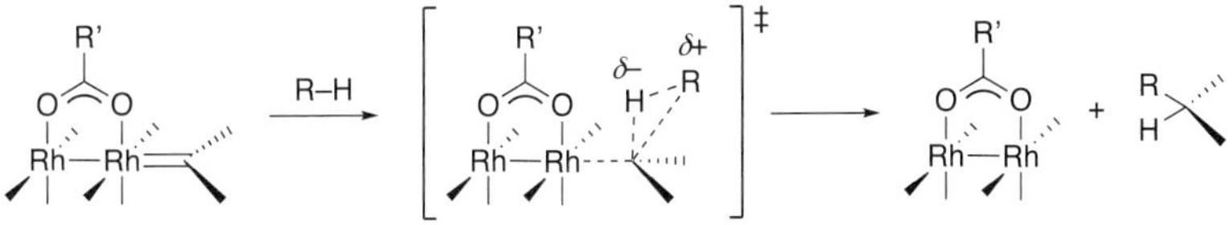

図 5.7　ロジウムカルベン錯体による C–H 挿入のメカニズム

---

†　アクセプター型，アクセプター/アクセプター型，ドナー/アクセプター型：

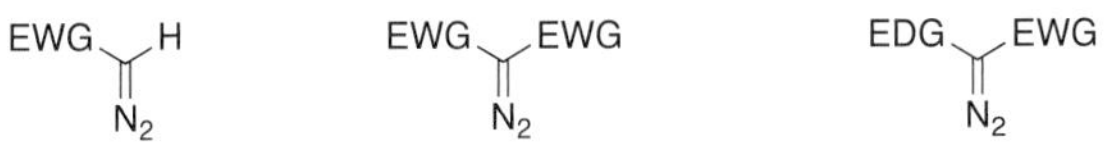

アクセプター型　　アクセプター/アクセプター型　　ドナー/アクセプター型

EWG = 電子求引性基　　EDG = 電子供与性基

ロジウムは，ロジウムカルベンの電子状態を調節する役割を果たす．したがって，電子的要因を考慮すると，遷移状態において炭素上に生じる正電荷を安定化できる第三級C–H結合が最も反応性が高い．一方，第一級C–H結合が立体的には最も接近しやすい．異なる環境にある複数のC–H結合のうちどの位置で反応が進行するかは，これらの影響のバランスで決まる．

ごく最近 Davies らは，触媒の配位子を巧妙に設計することにより，単純アルカンを基質とするC–H挿入反応の選択性を自在に制御できることを実証した［112］．$Rh_2[R$-3,5-di(p-^{t}BuC$_6$H$_4$)TPCP]$_4$を用いたときには最も立体障害の小さい第二級炭素上で，Rh_2

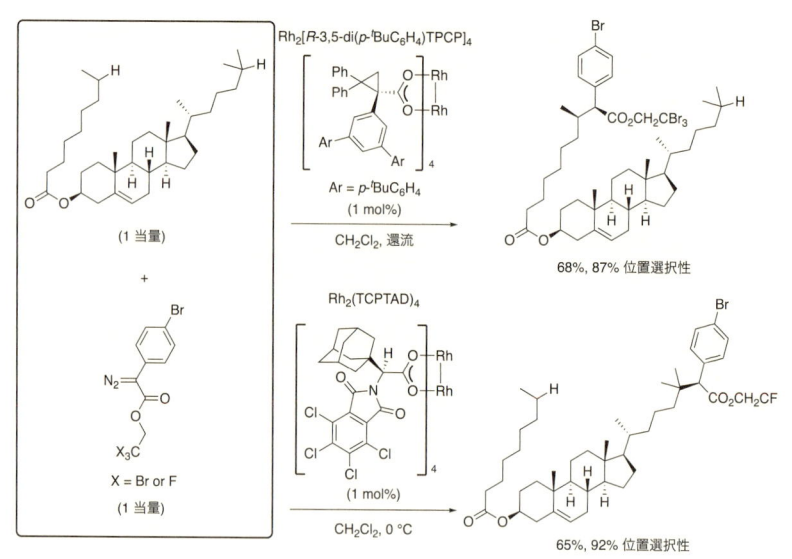

図5.8　キラルロジウム触媒による，第二級および第三級 C(sp^3)–H 結合への位置およびエナンチオ選択的カルベン挿入反応

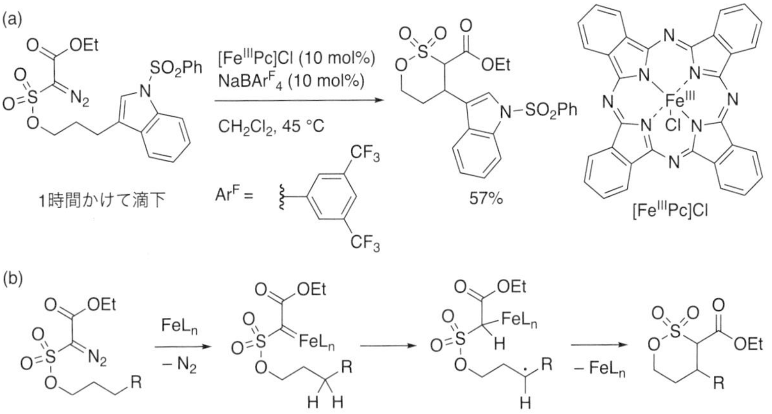

図5.9　(a) 鉄触媒による分子内 C–H 挿入反応と (b) 推定反応機構

(TCPTAD)₄を用いたときには第三級炭素上で反応が位置選択的に
進行する（図5.8）.

　2017 年 White らは，普遍金属である鉄を中心金属にもつフタロ
シアニン触媒を用いると，分子内 C–H 挿入反応が進行することを
見出した（図5.9）［113］. アクセプター/アクセプター型の非常に
電子不足なジアゾ化合物を用い，さらに鉄中心をカチオン性にする
ことで鉄カルベン種の反応性を向上させている. 協奏的な機構で進
行するロジウムカルベンと異なり，鉄カルベンへ水素ラジカルが移
動し生じたラジカル種が再結合する反応機構が提唱されており，第
一列遷移金属である鉄の特徴がよく現れている. 普遍金属触媒を用
いた反応の今後のさらなる発展が期待される.

　本章について，より詳しくは総説を参照されたい［114］.

5.3 エナンチオ選択的 C–H 結合活性化反応

キラル化合物は天然有機化合物や生理活性物質によく見られるため、その不斉合成は有機合成化学において重要な研究分野である。C–H 結合活性化を利用するエナンチオ選択的合成は、キラル化合物を合成するための最も直截的な手法であるが、そのような反応の開発はいまだ発展途上にある［115］。エナンチオ選択的反応を実現するためには2つの反応形式が考えられる。1つ目はエナンチオ選択的に C–H 結合を切断し、その後官能基化するものである（図5.10a）。2つ目は C–H 結合を切断した後の官能基化反応がエナンチオ選択的に進行するものである（図5.10b）。

先駆的研究が村井らによって 2000 年に報告されている。プロキラル†化合物であるビアリールに対し、ロジウム/キラルホスフィン触媒を作用させると、エナンチオ選択的エチル化反応が進行する（図5.11）［116］。エチル基をオルト位に導入することにより、ビ

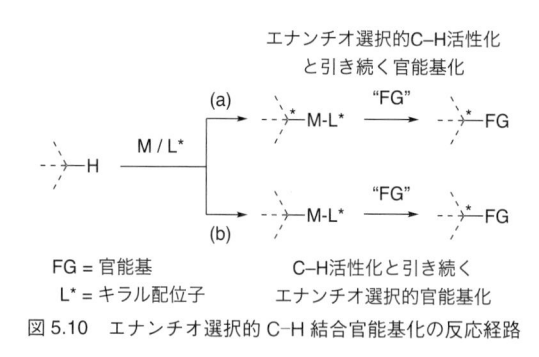

図 5.10　エナンチオ選択的 C–H 結合官能基化の反応経路

---

†　プロキラル：キラリティーをもたない反応物がキラリティーをもつ生成物に変換されるとき、その反応物はプロキラルである。

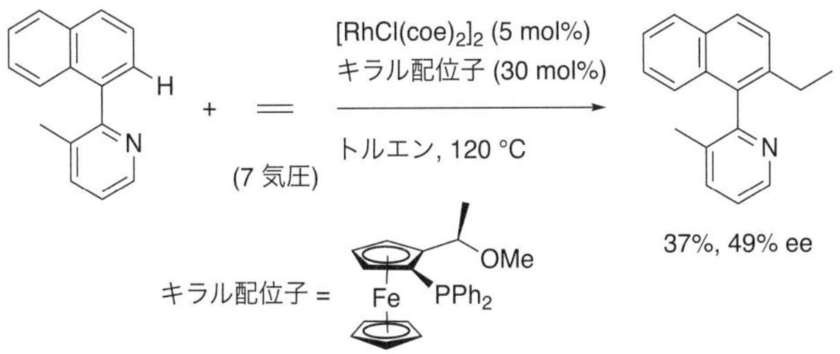

図 5.11　ロジウム触媒によるエナンチオ選択的 C(sp^2)–H 結合エチル化反応

アリール軸周りの回転が阻害され生成物がキラル化合物となる（ア
トロプ異性を有する化合物）．本反応ではまず，ピリジンが配向基
として働きロジウム触媒により C–H 結合が切断される．この段階
ではエナンチオ選択性は発現しないが，その後のエチル化の段階で
エナンチオ選択性が発現する．収率や選択性は中程度ではあるが，
キラル化合物を合成する新しい手法としてのエナンチオ選択的 C–
H 結合官能基化の可能性を示した研究成果であるといえる．

　遷移金属触媒，なかでもパラジウム触媒を用いた C–H 結合活性
化反応が発展するにつれて，エナンチオ選択的 C–H 結合官能基化
反応も発展してきた．たとえば，パラジウム触媒とアセチル基で保
護されたキラルなアミノエチルキノリン配位子を組み合わせること
で，メチレン C–H 結合をエナンチオ選択的に官能基化することが
できる（図 5.12a）［117］．C–H 結合切断時の遷移状態を解析した
DFT 計算の結果から，**TS-S** において基質のメチル基と配位子のア
リール基間の反発により遷移状態が不安定化されるため，相対的に
TS-R を経由する反応経路がエネルギー的に有利となり，エナンチ
オ選択性が発現すると考えられている．両遷移状態間の活性化エネ
ルギーの差は 1.2 kcal/mol であり，実際に観測されたエナンチオ選

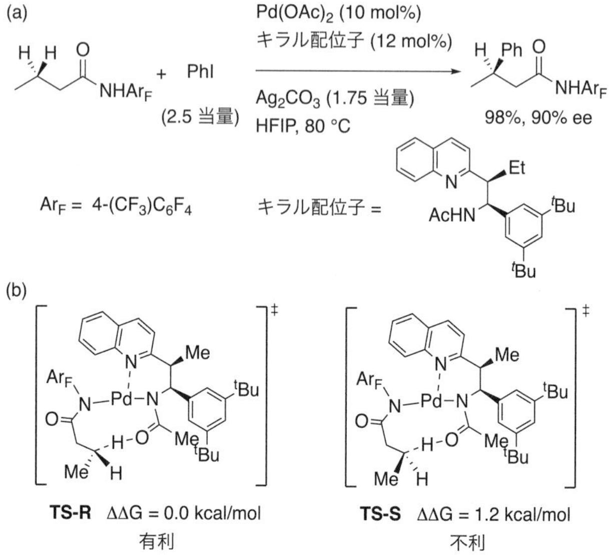

図 5.12 パラジウム触媒によるエナンチオ選択的 C (sp³)–H 結合アリール化反応

択性（95：5）の値と良い一致を見せている（図 5.12b）．

5.4 不均一系触媒を用いる C–H 結合活性化反応

過去に報告された遷移金属触媒を用いた C–H 結合活性化反応には，多くの場合均一系触媒が用いられている．一方，不均一系触媒を用いた場合には，均一系触媒と異なる反応性や選択性を示す，高価な遷移金属触媒や配位子を再利用できる，後処理や分離が濾過のみで済む，触媒の生成物への汚染を抑制できる，次世代有機合成法として期待されているフロー合成システムに容易に適用可能である

といった多くの利点がある［118］．これらの特徴から不均一系触媒の利用は化学工業にとって魅力的であるが，均一系触媒と比べ一般に活性が低く適切な触媒設計が難しい．さらに反応系に溶出した触媒が実際の触媒活性種となることもあるので，実際に不均一系触媒で反応が進行しているかを注意深く確認する必要がある．

担持されたパラジウム触媒は C–H 結合アリール化反応に広く利用されており，最初の報告例は 1980 年代まで遡る［119］．たとえば，容易に入手可能なパラジウム炭素（Pd/C）触媒は，塩化銅（Ⅰ）を共触媒として用いることで，高位置選択的にチオフェンの 3 位をアリール化できる（図 5.13）［120］．一方で，一般的な均一系パラジウム触媒を反応に用いると位置選択性が変わり，チオフェンの 2 位がアリール化される．銅触媒は Lewis 酸としてチオフェンを活性化していると考えられている．著者らはいくつかの対照実験の結果から，実際に不均一系触媒が触媒活性種であることを突き止めた．しかしながら，なぜ不均一系触媒を用いることで異なる位置選択性が発現したかについては言及していない．

C–H 結合ホウ素化反応は不均一系触媒の分野でも精力的に研究されており，高い反応効率が達成されている．澤村らは，シリカゲル固定化ホスフィン配位子（Silica–SMAP）を用いたイリジウム触

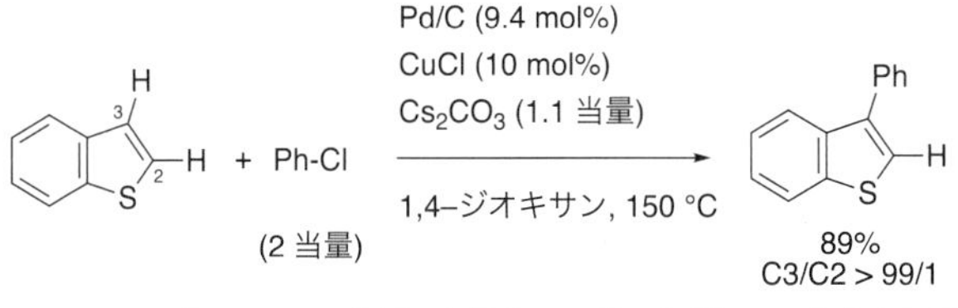

Pd/C (9.4 mol%)
CuCl (10 mol%)
Cs$_2$CO$_3$ (1.1 当量)

1,4–ジオキサン, 150 ℃

(2 当量)

89%
C3/C2 > 99/1

(PdCl$_2$(PPh$_3$)$_2$やPd(PPh$_3$)$_4$を用いた場合，C2位のみがフェニル化される)

図 5.13　パラジウム–炭素触媒によるチオフェン類の 3 位選択的アリール化反応

媒によるアルキルピリジンのホウ素化反応を報告している（図
5.14）［121］．わずか 0.1 mol% の触媒を用いるだけでグラムスケー
ルでも反応が進行する．触媒量を 2 mol% に増やすとホウ素化反応
は室温でも進行する．ホスフィン配位子を用いない場合には，微量
の生成物しか得られない（図 5.14a）．均一系のホスフィン配位子
を用いた対照実験の結果，単座ホスフィン配位子では反応がほとん
ど進行しないことがわかっている．触媒活性種に関しては不明な点
が多いが，Silica–SMAP 配位子は反応性の高い配位不飽和なイリジ
ウム触媒を容易に生成する環境を作り出すことができるため，触媒

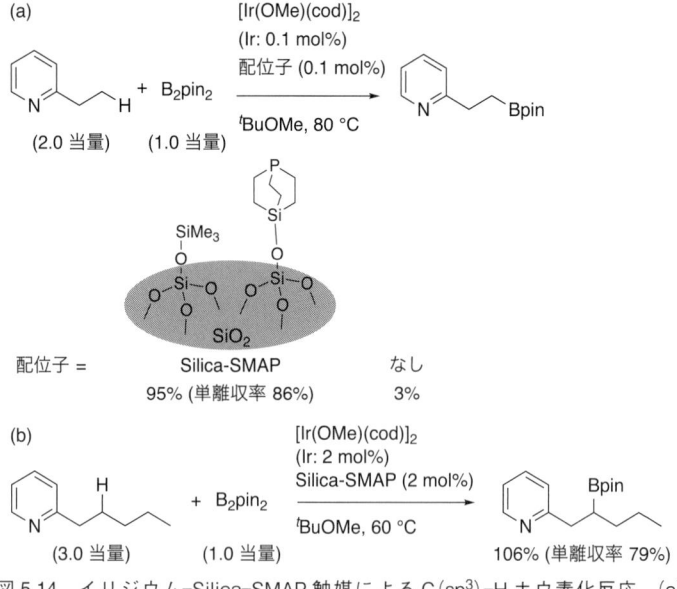

図 5.14　イリジウム–Silica–SMAP 触媒による C(sp³)–H ホウ素化反応．（a）
第一級 C(sp³)–H ホウ素化反応　(b) 第二級 C(sp³)–H ホウ素化反応

活性が高いと著者らは考えている．さらに，第一級だけではなく第二級 C(sp³)–H 結合のホウ素化反応も位置選択的に良好な収率で進行する（図 5.14b）．この位置選択性はピリジル基の配向基効果によって発現すると考えられている．

5.5 光触媒を用いる C–H 結合活性化反応

一般に，強固な C–H 結合を切断するためには，高活性な触媒や過酷な反応条件（たとえば高温）が必要となる．適切な光触媒は，太陽光などの光を照射すると C–H 結合を切断することのできる高エネルギー活性種となり，温和な条件で C–H 結合を官能基化できることが知られている．歴史的には，光触媒を利用するためには高いエネルギーをもつ紫外光の照射が必要であったため，特別な装置を用意する必要があった．そのため，スケールアップやコスト面の問題が足かせとなり，実用的な合成手法と呼ぶには程遠かった．最近になり，可視光を用いた光触媒の研究が盛んに行われ [122]，さまざまな C–H 結合活性化反応が報告されるようになった．可視光を吸収できる有機金属錯体や有機分子が光触媒として用いられ，これらが直接，もしくは光触媒からエネルギーを受け取った共触媒が C–H 結合活性化反応に関与する．本手法は安価で低エネルギーの光源を利用することができるため，既存の手法よりも実用的である．

先駆的な研究として，ルテニウム（Ⅱ）トリスビピリジン錯体を光触媒として，酢酸パラジウムを C–H 結合を活性化する共触媒として用いた研究が挙げられる（図 5.15）[123]．本触媒系により，家庭用白熱電球（26 W）を光源に用いて，一般に高温条件が必要なパラジウム触媒によるアリール化反応を室温で行える．本反応では

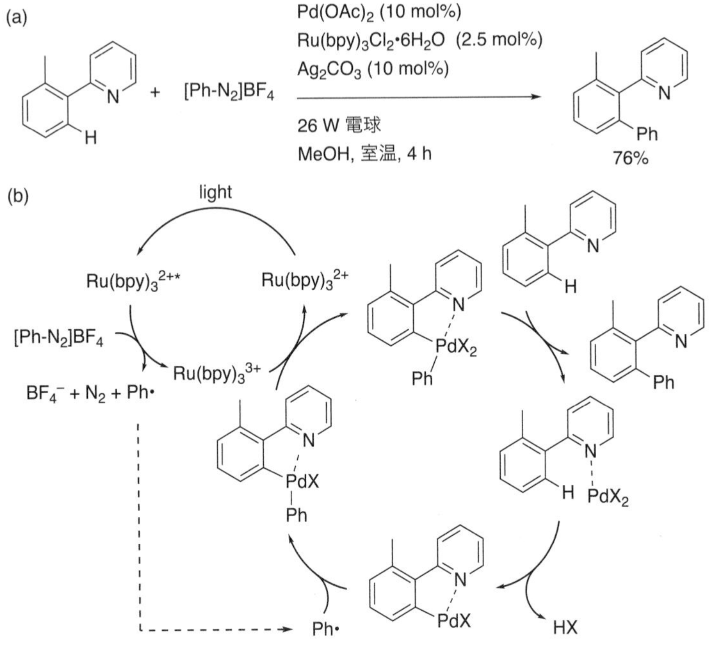

図 5.15 (a) パラジウム–ルテニウム共触媒による C(sp^2)–H 結合のアリール化反応と (b) その推定反応機構

まず，パラジウム（II）錯体が基質の C–H 結合を活性化し2価のパラダサイクルが生成する．並行して，可視光で励起されたルテニウム（II）錯体がアリールジアゾニウム塩を還元しアリールラジカルが発生する．パラダサイクルがアリールラジカルと反応後，ルテニウム（III）錯体により酸化されパラジウム（IV）錯体が生成する．このパラジウム（IV）錯体からは還元的脱離が容易に進行し，生成物が得られるとともにパラジウム（II）錯体が再生する（図

5.15b）．いくつかの基質に対しては，ルテニウム触媒を用いなくても反応が進行することから，中間体のパラジウム錯体も光触媒として働いていると考えられている．

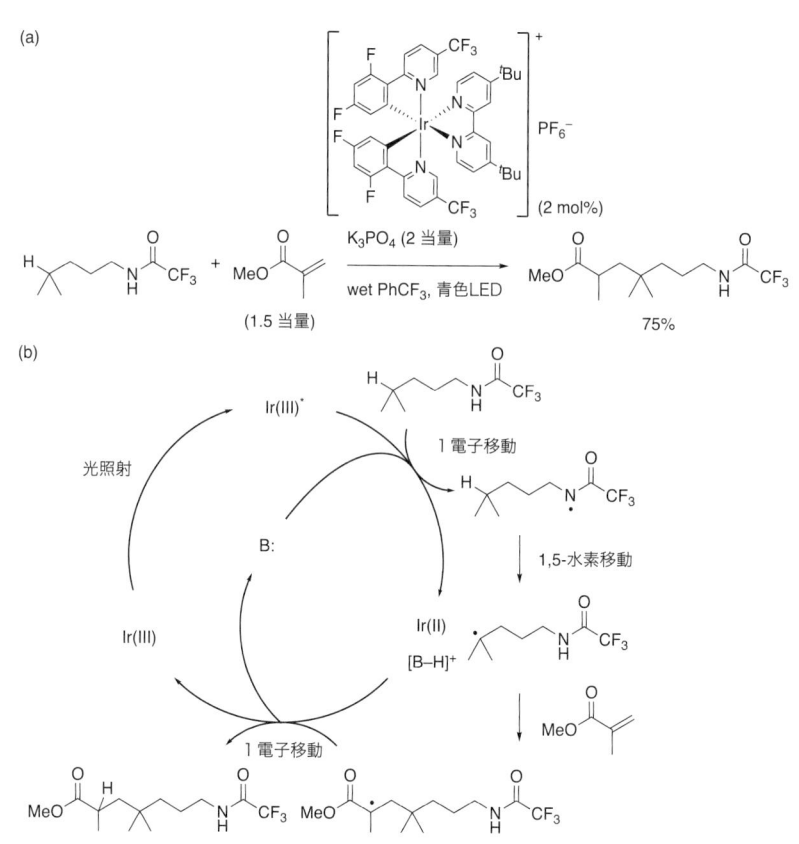

図 5.16 （a）イリジウム錯体を光触媒として利用する C(sp³)–H 結合のアルキル化反応と （b）その推定反応機構

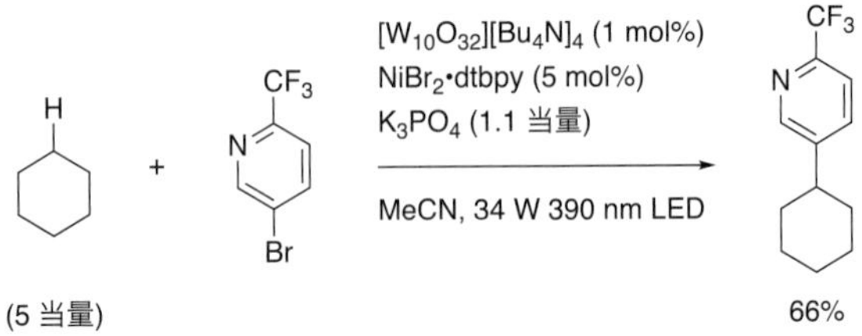

図5.17 タングステン–ニッケル共触媒による C(sp³)–H 結合のアリール化反応

Rovis らは，イリジウム錯体を光触媒として利用する C(sp³)–H 結合のアルキル化反応を報告した（図5.16）［124］．本反応ではまず，基質から青色 LED により励起されたイリジウム（Ⅲ）錯体への一電子移動（SET）による酸化と脱プロトン化により窒素ラジカルが生成する．続く 1,5-水素移動による炭素ラジカルの生成，アルケンへの付加，イリジウム（Ⅱ）錯体からの一電子移動による還元とプロトン化により生成物が得られる（図5.16b）．ほぼ同様の触媒系を同時に報告した Knowles らは，*N*-エチル-4-メトキシベンズアミドを水素原子捕捉剤として用いることで，シクロヘキサンの分子間アルキル化にも成功している［125］．

MacMillan らは，単純アルカンと臭化アリールに対して光照射下でポリオキソメタレート［W₁₀O₃₂］［Bu₄N］₄とニッケル錯体からなる共触媒系を作用させると，C(sp³)–H 結合のアリール化反応が温和な条件で進行することを見出した（図5.17）［126］．困難なアルカンの分子間 C(sp³)–H 結合官能基化反応を開発するにあたり，今後も光触媒を活用する機会がますます増えることが期待される（4.1.2 項参照）．

5.6 電気化学を利用する C–H 結合活性化反応

　化学反応に対しエネルギーを与える手段として，電気を用いることが考えられる [127]．特殊な反応装置が必要とはなるが，化学選択的かつ安価に酸化と還元を行えるため，大スケール反応にも適している．

　先駆的研究として，電気化学とパラジウム触媒を組み合わせた藤原・守谷反応が挙げられる [128]．この種の脱水素型カップリング反応では化学量論量の銅（Ⅱ）や銀（Ⅰ）が一般に酸化剤として用いられるが，反応後に多量の廃棄物が生成することが問題となる．Amatore, Jutand らは，ヒドロキノンの陽極酸化で発生させる触媒量のベンゾキノン（BQ）をメディエータとして用いることで，同様の反応が進行することを見出した（図 5.18）．

　第 3 章で述べたように，C–H 結合アミノ化反応のなかでもアミンをアミノ化剤として用いた反応は難しく，過酷な反応条件を用いて初めて可能になる [65]．しかし，電気化学とコバルト触媒を併

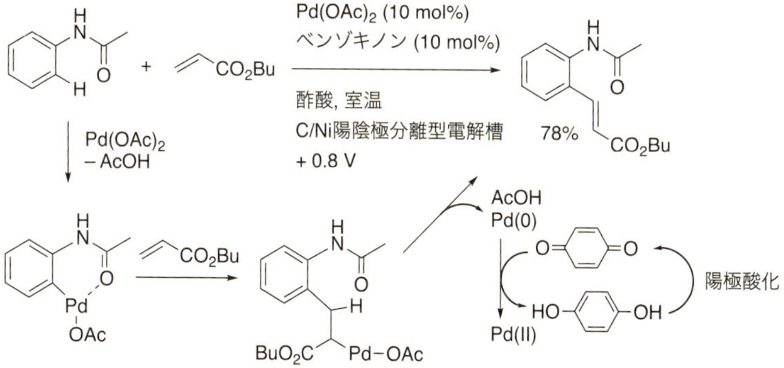

図 5.18　パラジウム触媒による芳香族 C–H 結合のアルケニル化反応

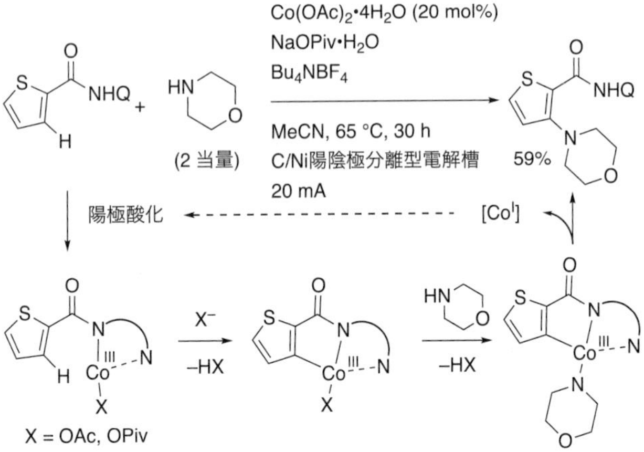

図 5.19 コバルト触媒による芳香族 C–H 結合のアミノ化反応

用することにより，ベンズアミド類のアミンを用いたアミノ化反応を温和な反応条件のもと実現できることが報告された（図 5.19）[129]．遷移金属触媒を用いた C–H 結合アミノ化反応において，金属アミド中間体からの遅い還元的脱離がしばしば問題となるが，電気化学的手法により電子不足なコバルト（Ⅲ）を発生させることで，還元的脱離が円滑に進行する．

5.7　生体触媒を用いる C–H 結合活性化反応

これまで述べてきたように，適切に設計された金属錯体がさまざまな反応において効率的な触媒として働くことが明らかになってきた．一方，酵素は特定の反応に対しては高効率かつ高選択的に反応を進行させることのできる触媒であり，その性能は金属錯体を用いる人工触媒系を凌駕する．すなわち，酵素はその基質特異性のた

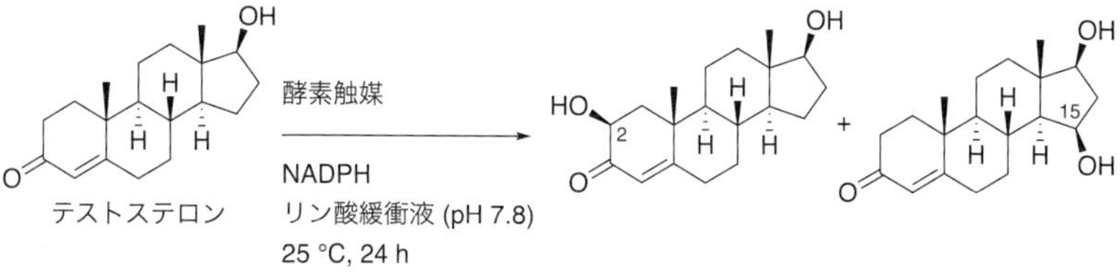

酵素	変換率	2-OH : 15-OH : その他
P450 BM3 (CYP102A1)	0%	
P450 BM3 (F87A)	21%	52 : 45 : 3
変異体 A	79%	97 : 3 : 0
変異体 B	85%	3 : 96 : 1

NADPH = ニコチンアミドアデニンジヌクレオチドリン酸

図 5.20　酵素触媒による C(sp^3)–H ヒドロキシ化反応

め，触媒ポケットに適合する基質の特定の C–H 結合のみを選択的に効率よく温和な反応条件のもと官能基化できる．また，水中で反応が進行する点も特筆すべきである．しかし裏を返すと，酵素の特徴である高い基質特異性や水中での利用といった「長所」が有機合成への応用の妨げとなっていた．

　自然界では，生物は自然淘汰を繰り返しながら進化している．この仕組みを模倣することで酵素を有機合成に利用するための技術が開発されている．それは，酵素が望みの基質に対して特異的に触媒として働くように，人の手によって酵素を「進化」させる手法である．この手法は指向性進化法（directed evolution）と呼ばれ，2018年にノーベル化学賞が授与された研究分野である［130］．例を図5.20 に示す［131］．複雑な生体物質に対する位置選択的酸化反応は，人工的な金属錯体を用いてもなお困難である．一方で，シトクロムP450 酸化酵素（CYP）は複雑化合物にヒドロキシ基を選択的に導入することができる．しかしながら，前述のとおりこの種の酵素は特

定の基質以外に対しては触媒能が低い．たとえば野生型（WT）酵素の一つで巨大菌より発見されたP450BM3（CYP102A1）は，テストステロンに対しては触媒活性をもたない．その変異体であるP450BM3（F87A）はテストステロンに対して触媒活性をもつものの，触媒効率や選択性は低い．著者らは指向性進化法を利用してこの酵素を改良することで，その変異体のC2もしくはC15の位置に高効率・高選択的にヒドロキシ基を導入させることに成功している．

　酵素を改良することで基質に対する制限は解消されるものの，多くの場合，反応形式そのものは天然の酵素が触媒活性をもつものに限られる．しかしながら，非生物性の遷移金属を天然のタンパク質

コラム 5

パラジウム触媒は炭素–ハロゲン結合を創る？切る？

　最近，炭素–水素結合の触媒的直接官能基化と電解反応を組み合わせた反応開発が世界中で盛んに進められ，飛躍的な進歩を遂げている．我々の研究グループでは，2009年にパラジウム触媒による芳香族炭素–水素結合切断と電解酸化を組み合わせたハロゲン化反応を報告している [1]．本反応は，試薬としては基質とハロゲン化水素酸，溶媒，触媒量のパラジウム塩のみを用いて通電することで，芳香族化合物のオルト位ハロゲン化反応が達成できるクリーンな反応である．本論文の主な内容は塩素化反応であるが，実は当初検討していたのは，臭化水素酸を用いた臭素化反応であった．初期検討において臭素化生成物は良好な収率で得られていたが，反応の再現性の改善や収率のさらなる向上が実現せずに苦慮していた．そこで，経時変化を詳細に調べた結果，反応初期段階では転化率が順調に増加するものの，その後頭打ちになり，さらには減少に転じることが分かった．この結果は一旦生成した炭素–臭素結合が後に切断されて元に戻ることを示唆するものであった．そこでまず，このような逆反応

に導入することで，酵素反応の長所を保ったままさまざまな新しい反応性を付与することができる．たとえば，スルホロブス・ソルファタリカス類の P450 酵素に含まれる鉄をイリジウムで置換して得られる変異体を指向性進化法を用いて改良すると，本来触媒活性をもたないエナンチオ選択的カルベン挿入反応の高性能触媒になることが報告されている（図 5.21）[132]．この変異体は，第一級もしくは第二級 C(sp³)–H 結合へのカルベン挿入反応に効果的な触媒である．本反応は，活性化されていない C(sp³)–H 結合への挿入反応や分子間反応，1 g 程度の大スケール反応も可能であるといった優れた特徴をもつ．

が進行しにくい塩素化反応を検討することにしたのである．また，一度形成された炭素-ハロゲン結合が反応系中でパラジウム触媒により切断された可能性から着想を得て，後に報告するヨウ素化反応においては電流の ON/OFF 制御によるワンポットでのアリール化反応にも成功している [2]．このときの経験は，反応開発においてその反応の詳細について知ることの大切さを再認識させられる良い機会であったと感じている．

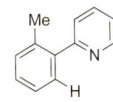
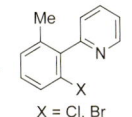

[1] F. Kakiuchi, T. Kochi, H. Mutsutani, N. Kobayashi, S. Urano, M. Sato, S. Nishiyama, T. Tanabe：*J. Am. Chem. Soc.*, **131**, 11310 (2009).

[2] H. Aiso, T. Kochi, H. Mutsutani, T. Tanabe, S. Nishiyama, F. Kakiuchi：*J. Org. Chem.*, **77**, 7718 (2012).

（慶應義塾大学理工学部化学科　河内卓彌）

図5.21　イリジウム含有酵素触媒によるエナンチオ選択的カルベン挿入反応

コラム 6

偽の餌で酵素を飼い慣らす！

　酵素は，生体内での物質変換を行う非常によく作られた生体触媒で，対象とする分子を正確に認識して反応するように設計されていて，酵素の分子が結合する部位にぴったりとはまる分子以外とは反応しないように作られている．筆者らの研究グループは，長鎖脂肪酸（油）を水酸化するシトクロム P450BM3 と呼ばれる酸化酵素に，長鎖脂肪酸よりもアルキル鎖の短いカルボン酸を「偽物」（「デコイ分子」と呼んでいる）として取り込ませると，この酵素が誤作動して，長鎖脂肪酸とはまったく構造が異なる分子を水酸化するようになる新しい反応系を開発した．デコイ分子のアルキル鎖は短く，活性中心に届かないため反応は起こらないが，アルキル鎖を短くしたことによって生じる活性部位の隙間に「第二の分子」が取り込まれて水酸化される．ベンゼンを取り込ませると一段階でフェノールに変換することができる [1]．取り込ませるデコイ分子の構造の違いによって P450BM3 の酵素活性は大きく変化するため，デコイ分子をうまく設計することでさらなる高活性化が可能な潜在的可能性を有する反応システムである．大腸菌などの菌体の中にある P450BM3 を同じ手法で制御することも可能で，菌体の培養液に少量のデコイ分子を添加するだけで，ベン

ゼンからフェノールを生産することもできてしまう．現在は，「偽物」を使って酵素を飼い慣らす手法の，ほかの利用可能性を模索しながら研究を楽しんでいる．

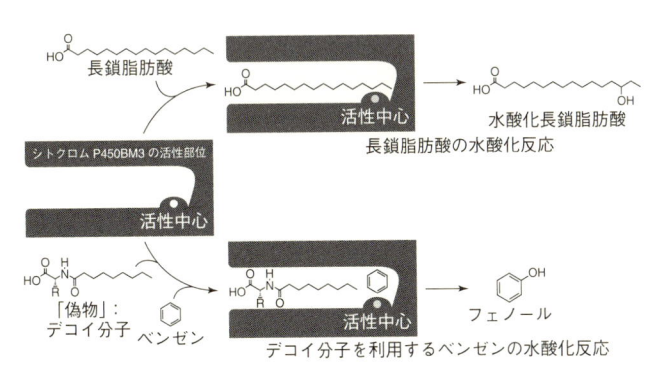

[1] O. Shoji, S. Yanagisawa, J. K. Stanfield, K. Suzuki, Z. Cong, H. Sugimoto, Y. Shiro, Y. Watanabe：*Angew. Chem. Int. Ed.* **56**, 10324（2017）.

（名古屋大学理学研究科　荘司長三）

第 6 章

C–H 結合活性化反応の応用

6.1　全合成への応用

　新規合成手法の応用の一つとして，天然物などの複雑化合物の全合成への応用が挙げられる．全合成では化合物の多段階合成が必要であり，化合物が種々の官能基をもっていることから，合成に用いられる反応には優れた官能基許容性，高収率，高選択性（化学選択性，位置選択性，立体選択性など）が求められる．したがって，全合成に用いられる合成手法は，一般性や信頼性の高い反応であるといえる．C–H 結合活性化反応はより直截的な合成手法であり，工程数を減らすことができる有望な手法ではあるが，全合成への応用例は限られている［133］．C–H 結合活性化反応のなかでも，より容易に進行する分子内反応が主に利用されており，分子間反応は低収率や過剰量の基質の使用が問題となり報告例は少ない．

　Corey，Baran らは複雑天然化合物の一つである（＋）-austamide を，C–H 結合活性化反応を用いてわずか 7 段階で合成した［134］．岸らによるラセミ体合成［135］には 29 段階が必要であり，大幅な工程数削減に成功している．本全合成では，パラジウムによる C(sp²)–H 結合の活性化，引き続くアルケンとの反応による分子内アリル化反応が進行することで中員環が構築される（図 6.1）．この生成物から 4 段階を経て（＋）-austamide へ誘導することができる．

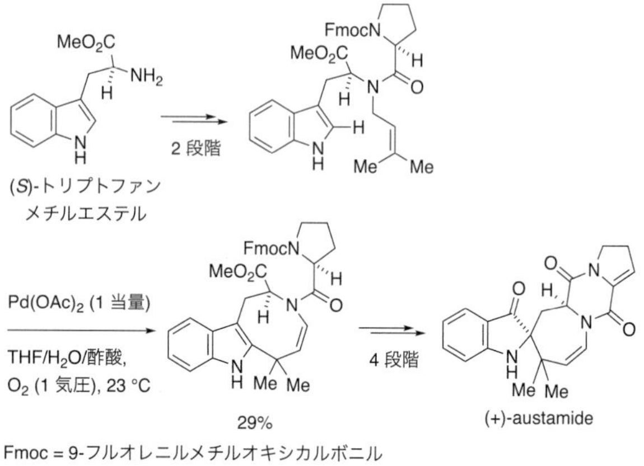

Fmoc = 9-フルオレニルメチルオキシカルボニル

図 6.1　C–H 結合活性化を用いた（＋）-austamide の全合成

1 当量のパラジウムを用いる点や収率が低い点について改善の余地はあるものの，工程数を大幅に減らすことができた点で，C–H 結合活性化反応の有用性を直接示した研究例であるといえる．

　Baran らは，シクロブタンの C(sp³)–H 結合アリール化反応を連続して行うことで，piperarborenine B の全合成を達成した（図 6.2）[136]．パラジウム触媒存在下，アミド基を含むシクロブタンとヨードベンゼン誘導体が反応し，グラムスケールで直接カップリング体が得られる．収率は中程度ではあるが，完璧な位置選択性で反応は進行し，ジアリール化された化合物はほとんど副生しない．全シス型三置換シクロブタンのリチウムアルコキシドによるエピマー化の後，パラジウム触媒による 2 度目のアリール化によって，2 つ目のアリール基が位置選択的に導入される．

　遷移金属触媒による C–H 結合へのカルベンやナイトレン挿入反応は，フグ毒として知られるテトロドトキシンの全合成に利用され

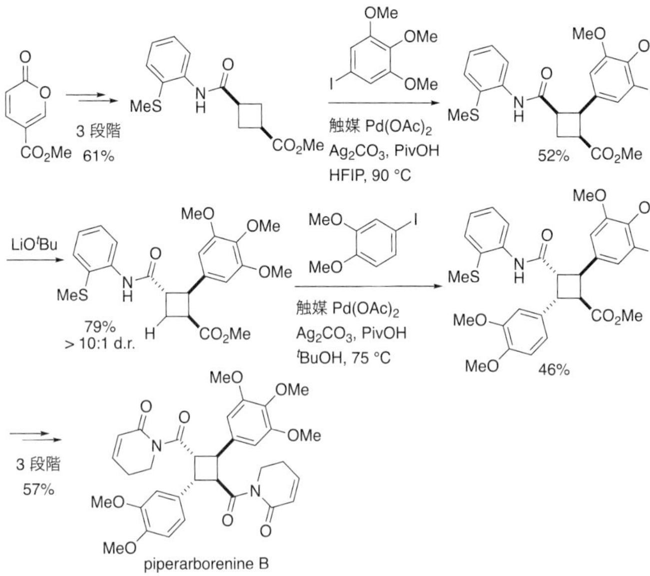

図 6.2 C–H 結合活性化を用いた piperarborenine B の全合成

ている．テトロドトキシンは多くの酸素官能基をもつシクロヘキサ
ン環を主骨格とし，オルト酸やグアニジンといった部分構造を有す
る．1972 年岸らは，この複雑化合物のラセミ体の全合成を発表し
た［137］．初めての不斉合成はおよそ 30 年後に磯部らによりよう
やく達成されたが，合成には 67 段階が必要であった［138］．一方，
2 つの C–H 結合活性化反応を鍵反応とする（−）-テトロドトキシ
ンの 32 段階不斉全合成が Du Bois らによりほぼ同時に報告された
（図 6.3）［139］．1 つ目の鍵反応は，ジアゾ中間体から生成するロ
ジウムカルベン種による隣接する第三級 C(sp^3)–H 結合への挿入反
応である．テトロドトキシンのコア部分のシクロヘキサン環を立体

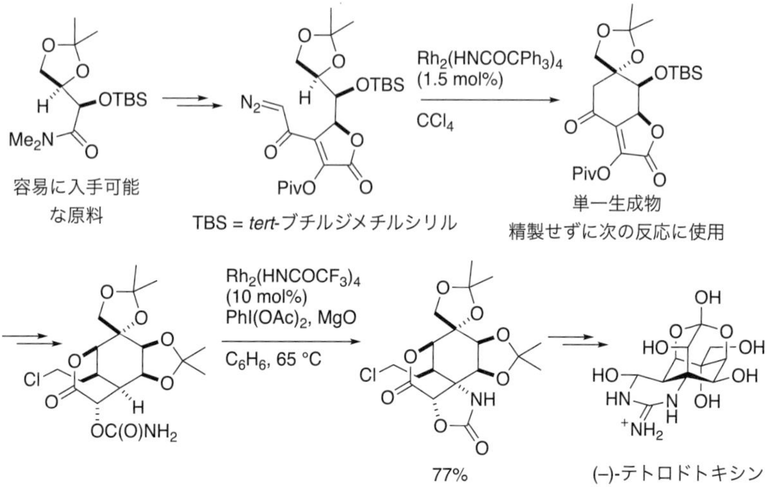

図6.3 C–H結合活性化を用いたテトロドトキシンの全合成

選択的に合成することに成功している．生成物は単一化合物として得られ，精製作業を行うことなく次の工程に利用できる．2つ目の鍵反応は，立体選択的な C(sp³)–H 結合のアミノ化反応である．カルバマートに対してロジウム触媒とヨードベンゼンジアセタートを作用させることでロジウムナイトレン中間体が生成し，隣接する第三級 C(sp³)–H 結合への立体選択的な挿入を経て分子内アミノ化反応が進行する．

6.2 医薬品合成への応用

有機合成化学が成熟することで，人類の発展・存続に必要不可欠な医薬品を安価かつ大量に供給できるようになった．反応工程数，

総収率，後処理，精製工程によって合成コストが決まり，最終的な医薬品の価格に反映される．C–H 結合活性化反応は，反応工程数を削減することができるため医薬品合成において魅力的な合成手法である［140］．そのため，低収率，低選択性，副生成物の残留といった C–H 結合活性化反応における問題点を解決することは，医薬品合成プロセス開発における重要な課題である．

　さらに，工業プロセスにおいては，それ以外にもさまざまな条件を満たす必要がある．たとえば，工業プロセスにおいて安全性は非常に重要な要素であり，危険性の高い化合物や，取り扱いの難しい化合物，研究室では広く用いられるハロゲンを含んだ溶媒の使用は避ける必要がある．強い発熱反応や大量の気体を放出する反応を採用する場合は注意深く反応系を設計する必要があり，反応はキログラムもしくはトンスケールで再現よく実施できることが必須である．

　研究室ではよく用いられるカラムクロマトグラフィーによる精製も一般的には避けられ，副生成物は分液や再結晶などで除去するのが好ましい．極端な反応条件（極低温や超高温，高圧など）も避けられる傾向にあり，目的化合物にもよるが，高価な化合物や触媒，配位子の使用も望ましくない．触媒や配位子の再利用も試みられているが，再利用にもコストがかかるため，そのバランスを見て検討することになる．

　また，触媒や配位子による目的化合物の汚染も問題になる．たとえば，パラジウムは有機合成でよく利用される遷移金属触媒であるが毒性が高く，パラジウムを許容限界（一般に 10 ppm 以下）まで除去するためにはさらなるコストがかかる．

　高価で毒性のあるパラジウムではあるが，その触媒活性や合成反応における信頼性は高いため，プロセス化学における C–H 結合活

性化反応に最も多く利用されている．Merck社の研究者らは，経口投与できるγ-アミノ酪酸（GABA）アゴニストを合成するためにパラジウム触媒を用いたC–H結合アリール化反応を利用した（図6.4）[141]．GABAは主要な神経伝達物質であり，GABA受容体へ選択的に作用するアゴニストを用いることで，中枢神経系の治療を施すことができる．

　医薬品の開発中，動物実験のためにイミダゾトリアジン誘導体の

コラム 7

逃げない全合成—直接カップリング縛り—

「分子モデルを組み立てるように複雑天然有機化合物をつくりたい」

　これが，筆者がアカデミックキャリアをはじめた当時の夢であり，当時（2008年）名古屋大学伊丹研究室で着手していた遷移金属触媒を用いた芳香環C–Hカップリング（直接カップリング）反応は最適だと確信していた．当時，有機合成は得意だったが，有機金属化学や反応開発はズブの素人．芳香環をもつ天然物を標的に早速いくつか逆合成を考え，合成に着手した．しかし，反応がまったく進行しないか，望みの位置で進行しない．複雑天然物にある多数の官能基がそれを拒むのだ．さらに，反応の位置選択性は通常そのC–H結合の酸性度や芳香環の性質に依存する．通常の天然物合成ならば，頭を捻って泥臭く回避（逃げ）経路を検討し，一見して華麗な経路に仕上げるのだが，それができない．直接カップリングではその位置に分子同士をつなげるしかないのだ．しかし，遷移金属触媒の利点として，配位子をチューニングすることによって，性質を大きく変化させることができる．矢印を挟んで原料・触媒：生成物しか記載のない反応も，その途中はどんな反応経路をとっても問題ない．そして，金属を介しているだけで，有機金属反応も有機化学の基本「求核剤と求電子剤」の関係である．それらを理解してからは，すべて触媒設計に注力した．最終的に新規分子触媒を開発し，複雑天然物の直接カップリングを用いた

大量合成が必要となった．研究者らは，アレーンとヘテロアレーン間の結合形成のために，前もって基質の修飾が必要な鈴木・宮浦カップリング反応のかわりに，C–H 結合活性化反応を活用できないかと考えた．各種検討を行ったところ，比較的安価な酢酸パラジウムとトリフェニルホスフィン PPh₃ を触媒として用いることで，イミダゾトリアジン塩酸塩の最も電子豊富な C–H 結合がブロモベンゼン誘導体と位置選択的に反応し，キログラムスケールで目的化

全合成を達成できたわけだが，真実をいうと，自身の触媒設計は一つも当たっておらず，すべて学生たちの努力の賜物である．設定した原料と合成経路はほとんど変わっていないのが唯一の救いといえよう．直接カップリング縛りで，「逃げない全合成」に逃げない共同研究者（学生）と真摯に取り組むことができたからこそ，得られた発見であると考えている．

図　開発した分子触媒の一例

（早稲田大学理工学術院　山口潤一郎）

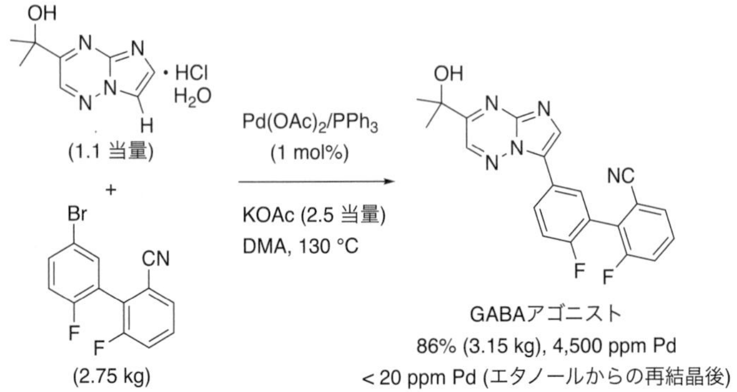

図 6.4 C–H 結合活性化を用いた GABA アゴニストの合成

合物が収率よく得られることを見出した．副生成物として臭化ア
リールの二量化体や，イミダゾトリアジンの二量化体がわずかに観
測されたものの，通常の精製操作によって除去できることがわかっ
た．

　一方，生成物はパラジウム触媒に対して高い親和性をもってお
り，反応・精製終了後に多量のパラジウムによる汚染が確認され
た．固定化されたパラジウム触媒を用いる検討も行われたが，パラ
ジウム触媒が反応溶液に溶出し，1000 ppm 以上の残留パラジウム
が確認された．また，さまざまな吸着剤や添加剤が試されたもの
の，パラジウム残留量を十分減少させるには至らなかった．最終的
には，生成物をエタノールから結晶化させることで，パラジウムに
よる汚染を劇的に抑制することに成功した．エタノールが結晶格子
に入り込むことにより，生成物のパラジウムに対する親和性が低下
することが理由だと考えられている．さらに，テトラヒドロフラン
とヘプタンから再結晶することにより高純度の最終生成物を得てい
る．これにより，7 段階で完結するキログラムスケール合成がカラ

ムクロマトグラフィーを用いることなく達成された.

　Bristol–Myers Squibb 社の研究者は,抗がん剤として期待される
レベッカマイシン類縁体の大量合成において,パラジウム触媒によ
る酸化的分子内環化反応をカルバゾール中間体合成に利用した(図
6.5)[142].研究者らは,複数の酸化剤の検討により,安価な銅塩
を酸化剤として用いると空気中で反応が進行し,NMP(*N*-メチル
-2-ピロドリン)・水系による再結晶後に収率81% で目的化合物が
得られることを見出した.論文には最大 100 g を合成するための手
順が報告されており,キログラムスケール合成も可能であると主張
されている.求電子的パラジウム化によって電子不足になったイン
ドール環に対して,もう一方の電子豊富なインドール環による求核
的環化反応がおこり本反応は進行すると推測されている.インドー
ルの保護は必要ない.パラジウムによる汚染量は言及されていない
が,合成中間体であるためそれほど大きな問題にはならないと考え
られる.

　Merck 社や API Corporation の研究者らは,ルテニウム触媒によ
る配向基を利用した C–H 結合アリール化反応を医薬品合成に用い
ている.C–H 結合活性化反応を用いることで,いわゆるクロスカッ

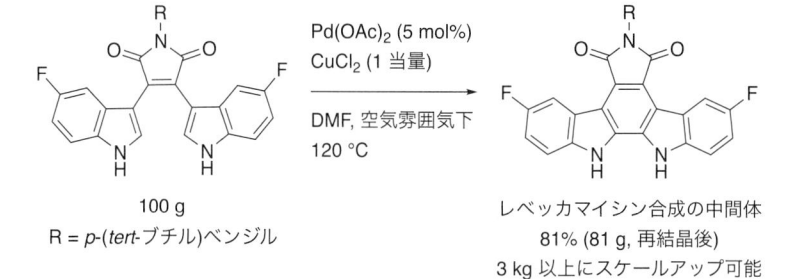

図 6.5　C–H 結合活性化を用いたレベッカマイシン類縁体合成の鍵反応

プリング反応に必要な基質を調製するためのメタル化の手間を省くことができる.

　Merck社の研究チームはCETP（Cholesteryl Ester Transfer Protein）阻害薬であるアナセトラピブのキログラムスケール合成法を報告している（図6.6）[143]. 鍵中間体であるビアリール化合物は，ルテニウム触媒による配向基を利用するC–H結合アリール化により合成された. わずか1 mol% の触媒を用いるだけでキログラ

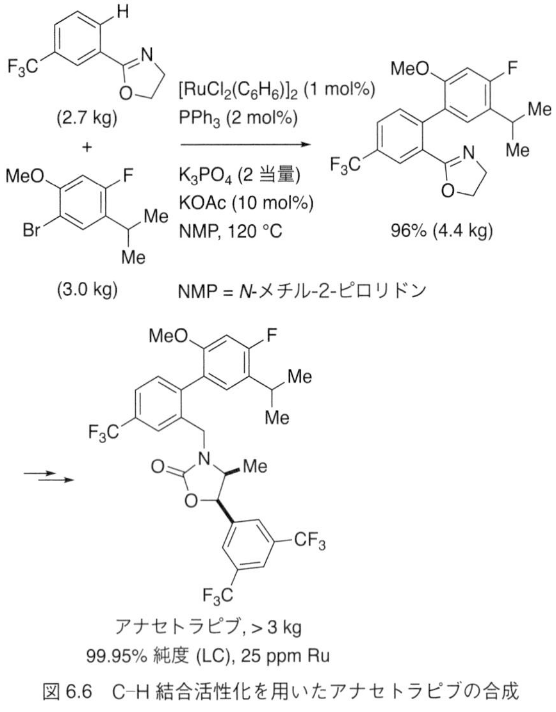

図 6.6　C–H 結合活性化を用いたアナセトラピブの合成

ムスケールでも高収率で進行する．同研究チームは，溶媒の NMP 中に含まれるごく微量の γ–ブチロラクトンが反応効率と再現性に重要であることを突き止めた．このラクトンが下記の反応条件下で対応するカルボキシラートに変換されることから，カルボン酸塩の添加の有効性を見出した．

API Corporation の研究者らはアンジオテンシン II 受容体拮抗薬の鍵中間体合成にルテニウム触媒を用いた C–H 結合アリール化反応を利用した．すなわち，安価な $RuCl_3 \cdot xH_2O$ とトリフェニルホスフィンを触媒として用いると，1–フェニルテトラゾールのアリール化反応が低触媒量でも進行することを見出した（図 6.7）［144］．このルテニウム触媒は捕捉剤を加えることにより取り除くことができ，再利用も可能である．さらなる検討の結果，Merck 社の反応と同様に，カルボン酸塩やスルホン酸塩を加えると反応再現性が担保されるだけではなく，反応が加速されることが判明した［145］．また，副反応である生成物に対する 2 度目のアリール化は，触媒系を最適化することにより抑えることができた．

C–H 結合活性化反応はメディシナルケミストリーの分野でも分子の合成後期多様化の目的で利用される．医薬品をトリチウム（^{3}H）

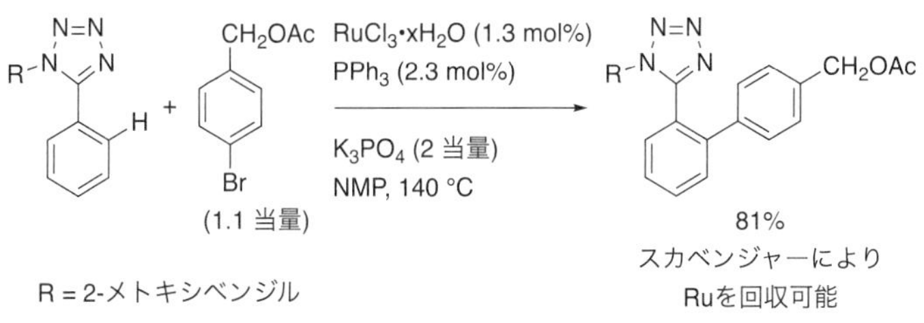

図 6.7 C–H 結合活性化を用いたアンジオテンシン II 受容体拮抗薬の鍵中間体合成

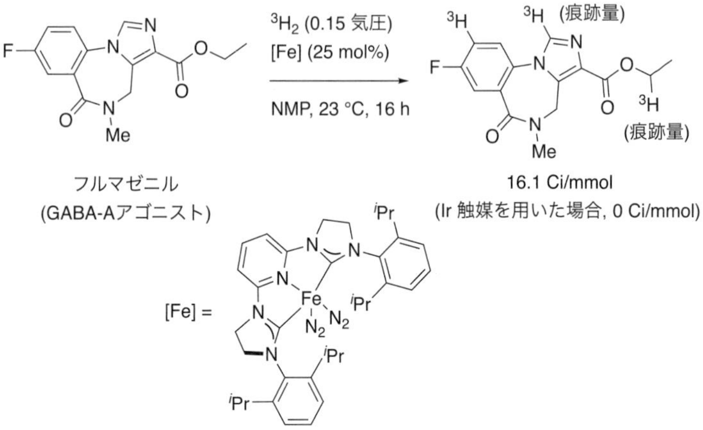

図 6.8 医薬品のトリチウム化

原子で標識することで分子の体内動態を追跡することができる．これは，トリチウムは容易に検出できる原子であるうえに，水素の同位体であるため生理活性がほぼ変化しないからである．Chirik らは Merck 社の研究者と共同研究を行い，鉄触媒と $^3H_2$ ガスを用いた医薬品のトリチウム化が，0.15 気圧下の温和な反応条件で進行することを報告した［146］．たとえば，GABA–A 受容体のベンゾジアゼピン結合部位に結合するフルマゼニルをトリチウム化すると，フッ化アリールのオルト位が選択的にトリチウム化される．一方，イリジウムを触媒とした場合にはまったく反応は進行しない（図 6.8）．水素・トリチウム交換の比率はトリチウム NMR によって算出でき，トリチウム化の程度は医薬品の前臨床試験における薬物動態研究（ADME）に適した値である，10–20 Ci/mmol にすることができる．

6.3　機能性材料合成への応用

　近年 π 共役有機化合物は，発光性分子，有機半導体，液晶などの材料科学分野に応用され注目を集めている．π 共役有機化合物を合成する際にはパラジウム触媒を用いたクロスカップリング反応が広く利用されているが，アレーンを C–H 結合活性化によって直接官能基化することができれば化合物ライブラリーの迅速な構築が可能となり，材料研究が加速される．有機材料に利用される π 共役化合物はデバイス作成条件下において安定である必要があるため，反応性が高い官能基を含むことは少ない．したがって，激しい反応条件下で高活性触媒を用いることも可能であり，C–H 結合活性化反応を活用しやすい研究分野であるといえる．一方で，π 共役化合物の異性体混合物の精製は難しいため，反応の位置選択性は精密に制御する必要がある．また，π 共役化合物は共役系が長くなるにつれて溶解性が低下する点や，ごく微量の金属汚染によって物性が変化してしまう点にも注意が必要である．現在までのところ，π 共役化合物の合成には，信頼性と効率の高いパラジウム触媒反応が最もよく利用されている．

　伊丹らは，π 共役化合物の迅速合成を指向した環化的二量化反応を開発した（図 6.9）[147]．単一分子で構成される平面ナノグラフェン分子は光電子物性の面から興味をもたれる化合物である．しかしながら，その合成には一般に多段階工程が必要であり，溶解性を向上させるための官能基の導入も必要となる．大量合成可能な基質から 1 段階で導くことができるクロロペンタフェニル化合物に対して環化的二量化反応を適用すると，トリフェニレン化合物が得られる．この化合物に対して Scholl 反応を行うと，グラフェンナノリボンが可溶化基を導入することなく高収率で得られる．この二量

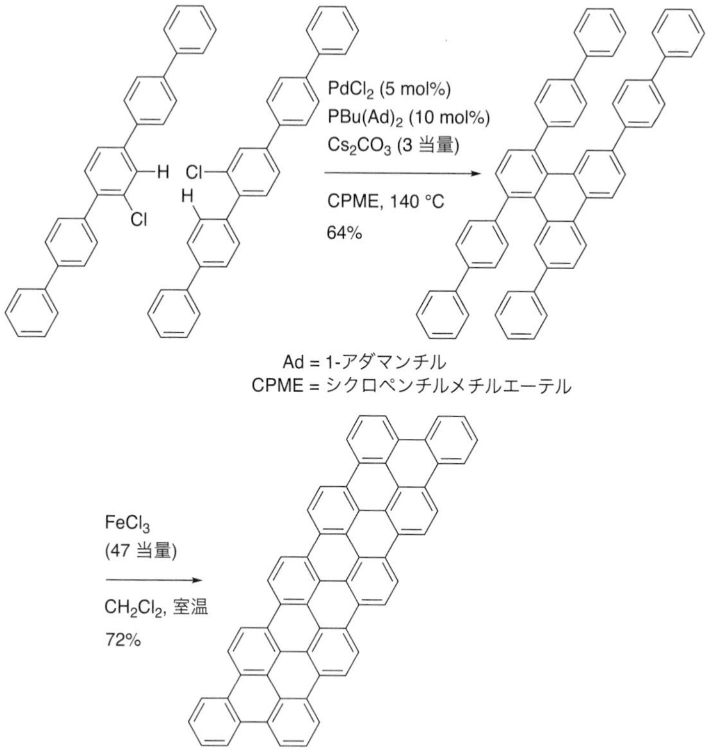

Ad = 1-アダマンチル
CPME = シクロペンチルメチルエーテル

図 6.9　C–H 結合活性化を用いたナノグラフェンの合成

化反応はパラジウム触媒と嵩高いホスフィン配位子を用いることで
実現され，異なる位置にある 2 つの C–H 結合切断を伴う．

　多環芳香族炭化水素（PAH）の C–H 結合活性化反応により，π 拡
張した新たな分子骨格を容易に構築することができる．伊丹，
Scott らは，パラジウム触媒を用いてコラニュレンの 10 個の C–H
結合を切断しアリール化したのち，Scholl 反応を用いて新規 PAH

を合成した（図 6.10）[148]．得られた PAH はワープドナノグラフェンと呼ばれ，負の曲率をもつナノカーボンである．PAH は広いπ平面同士が重なり合うため分子間 van der Waals 力が強く，一般に有機溶媒に対する溶解性が低い．ワープドナノグラフェンはそのような重なりが小さいため，一般的な有機溶媒に溶解する．

　ポルフィリンは，特徴的な光物性をもつ材料科学における代表的な分子骨格であり，さまざまな物性をもつポルフィリンライブラリーを構築することは材料科学において重要である．戦略の一つとして，ポルフィリンの周辺部を修飾してπ共役系を伸長し，物性を制御することが考えられる．一般にそのような修飾反応はクロスカップリング反応を用いて行われるが，ポルフィリン骨格に対する事前のメタル化やハロゲン化が必要であった．依光，大須賀らは，パラジウム触媒を用いたポルフィリンと臭化アリールの直接カップリング反応を報告している（図 6.11）[149]．過剰量の臭化アリールをカップリング剤として用いることで，4 ヶ所アリール化されたポルフィリンを収率よく合成できる．この反応の位置選択性は立体的な要因によって決定される．中心金属も重要であり，電子不足なニッケル（II）を中心金属とすると C–H 結合の反応性が向上する一方，より電子豊富な亜鉛（II）を中心金属とすると反応性が低下する．中心金属をもたないポルフィリンはパラジウム触媒を捕捉してしまうためまったく反応が進行しない．導入するアリール基の電子状態を変化させることにより，さまざまな物性を示すポルフィリンを合成することができる．

　そのほかにも，π共役化合物を C–H 結合活性化反応を用いて合成し，物性測定や有機半導体素子作製まで一貫して行う研究も報告されており，今後有用な有機材料が見出されることが期待される[150]．

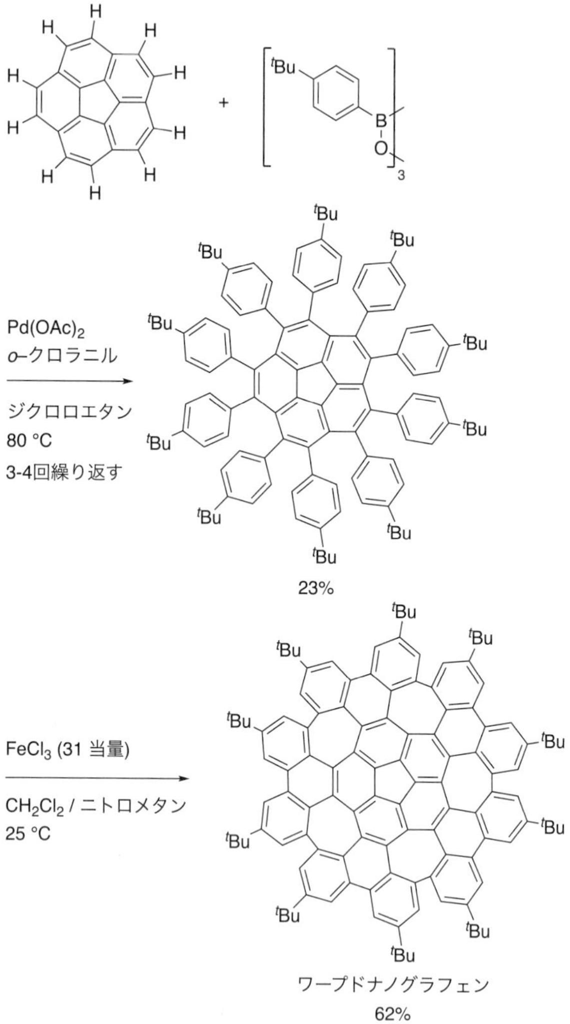

Pd(OAc)₂
o–クロラニル

ジクロロエタン
80 ℃
3-4回繰り返す

23%

FeCl₃ (31 当量)

CH₂Cl₂ / ニトロメタン
25 ℃

ワープドナノグラフェン
62%

図 6.10　C–H 結合活性化を用いたワープドナノグラフェンの合成

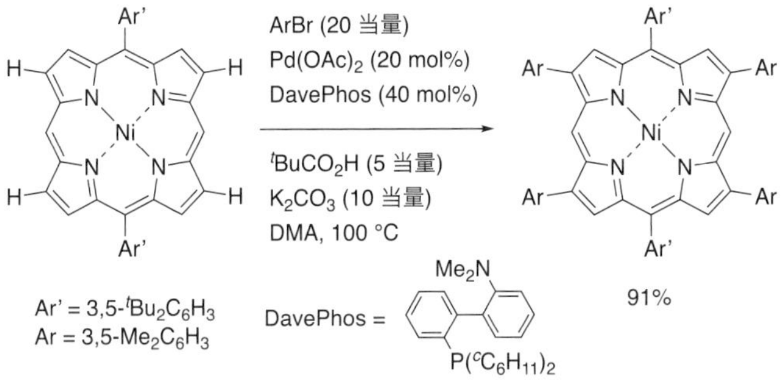

Ar'
ArBr (20 当量)
Pd(OAc)2 (20 mol%)
DavePhos (40 mol%)
tBuCO2H (5 当量)
K2CO3 (10 当量)
DMA, 100 °C
Ni
Ar
Ar' = 3,5-tBu2C6H3
Ar = 3,5-Me2C6H3
DavePhos =
Me2N
P(cC6H11)2
91%

図 6.11 C–H 結合活性化を用いたポルフィリンのアリール化反応

6.4 高分子合成への応用

有機高分子は我々の生活において必要不可欠なものである．ポリマー構造を制御できる合成法の開発は長年大きな課題となっている．近年，C–H 結合活性化反応がポリマー合成，特に単純なモノマーからのπ共役ポリマー合成に利用されている [151]．また，C–H 結合活性化反応は，ポリマー合成後の官能基化反応としても利用され始めている．

ポリチオフェンは重要な導電性ポリマーであり，さまざまなデバイスに利用される．先駆的研究として Lemaire らは，パラジウム触媒による C–H 結合アリール化反応を 2–ヨードチオフェンをモノマーとしたポリチオフェン合成に利用した．しかしながら，得られたポリマーの重合度は低い（M_n† =3000）[152]．滝田，小澤らは，パラジウム触媒を最適化することで，有機薄膜太陽電池などの有機

† M_n（数平均分子量）：ポリマー 1 分子あたりの平均分子量．ポリマー中に分子量 M_i の分子が N_i 個あるとき，$M_n = \Sigma M_i N_i / \Sigma N_i$.

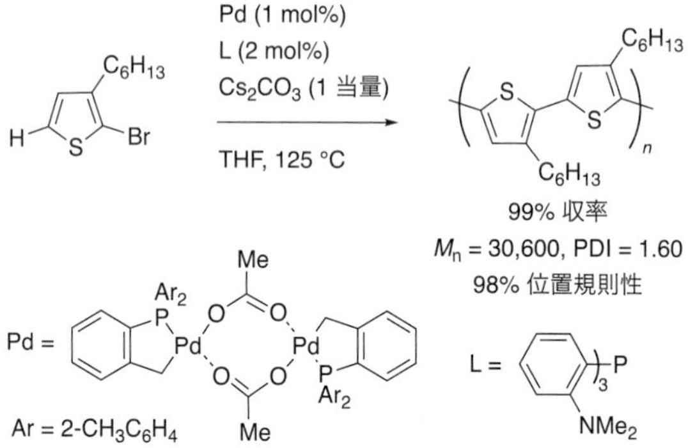

図 6.12　パラジウム触媒による C–H 結合活性化を利用したポリチオフェンの合成

エレクトロニクス分野で用いられる p 型半導体である head-to-tail 型のポリ（3-ヘキシルチオフェン）が定量的に，高い重合度（M_n = 30,600；PDI[†] = 1.60）と位置規則性（98％）で得られることを報告した（図 6.12）［153］．

　Tang らは，ロジウム触媒による C–H 結合切断を伴うアレーンとアルキンの環化反応を化学センサーに用いられるポリマーの合成に利用した［154］．まず，著者らはモデル反応として，1-フェニルピラゾールと非対称ジアリールアルキンを用いた反応の検討を行った（図 6.13）．ロジウム触媒存在下，ジエンを配位子として，銅（II）塩を酸化剤として用いるとアレーンと 2 分子のアルキンが反応し，多置換ナフタレンが高収率で得られる．位置選択性の制御はできていない．1-フェニルピラゾールを基質としてジインと反応させたところ，ナフタレンを含むポリマーが中程度の収率で高い重合

---

†　PDI（多分散度）：ポリマーの分子量分布を示す数値．重量平均分子量（$M_w = \Sigma M_i^2 N_i / \Sigma M_i N_i$）と数平均分子量（$M_n$）の比．PDI = M_w / M_n.

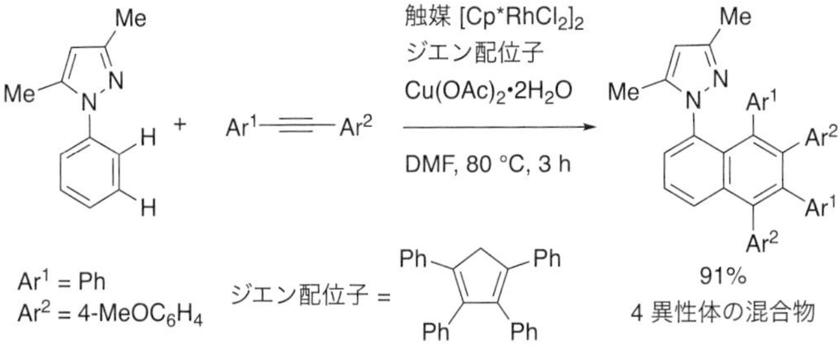

図 6.13 ロジウム触媒による C–H 結合活性化を利用したナフタレン合成

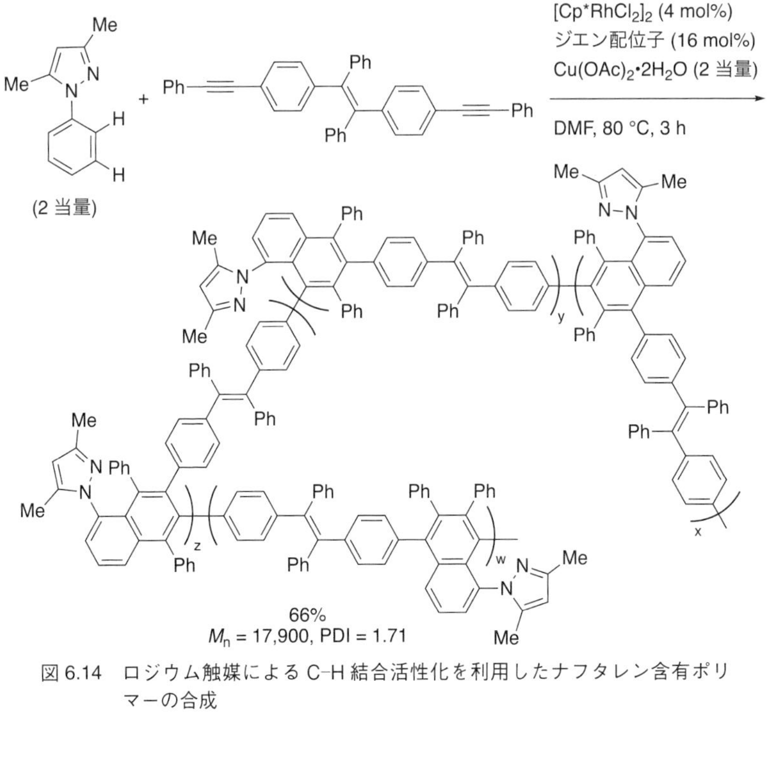

図 6.14 ロジウム触媒による C–H 結合活性化を利用したナフタレン含有ポリマーの合成

度で得られる（$M_n=17{,}900$）（図6.14）．得られたポリマーは，一般的な有機溶媒に対して高い溶解性をもち，凝集誘起発光（AIE；Aggregation-Induced Emission）[†]と呼ばれる現象を示す．このポリマーの特徴により，ピクリン酸のような爆発物を固体状態で検知することができる．

　侯らは，スカンジウムもしくはイットリウム（Y）触媒による，1,4–ジメトキシベンゼンと1,4–ジビニルベンゼンのようなジエンの重合反応を報告した（図6.15）[155]．2つのモノマーが完全に交互に重合したポリマーを高い収率で得ることができる．トリフェニ

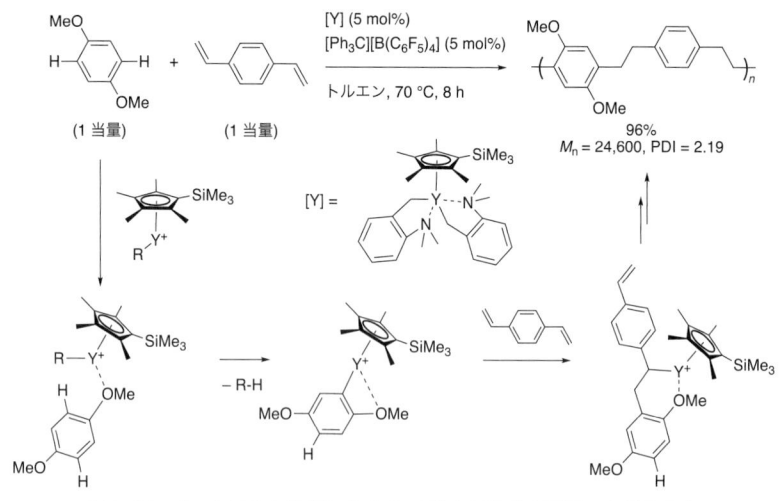

図6.15　イットリウム触媒によるC–H結合活性化を利用した重合反応

---

† 凝集誘起発光：一般に，蛍光色素は高濃度溶液中や固体状態では凝集体を形成し発光が阻害される．一方，希薄溶液中ではほとんど発光しないが，凝集体を形成すると強く発光する化合物も知られており，この現象を凝集誘起発光と呼ぶ．

ルメチルカチオンの作用で系中発生したイットリウムカチオン種が，配位したメトキシ基のオルト位C–H結合を切断し，生成したアリールイットリウム中間体へアルケンが挿入する．これらの反応を繰り返すことによってポリマーが伸長する．

ポリオレフィンは汎用ポリマーであり，工業的に生産されるポリマーの大部分を占める．極性基を疎水性ポリマーであるポリオレフィンに導入すると極性材料への親和性を高めることができるため，そのようなポリオレフィン合成が盛んに研究されている．オレフィンモノマーと極性基を含むモノマーとの共重合によっても合成できるが，極性基はしばしば重合触媒を不活性化する．別のアプローチとして，合成したポリオレフィンを直接官能基化する方法が考えられる．ポリオレフィンは $C(sp^3)$–H結合を含む基質と考えることができ，遷移金属触媒によるC–H結合官能基化が可能であると考えられる．実際に，Hartwig，Hillmyerらは，ロジウム触媒によるポリエチルエチレン（PEE；polyethylethylene）のホウ素化反応を報告した．生成したホウ素化合物を酸化することで対応する含ヒドロキシポリマーを合成することができる（図6.16）［156］．反

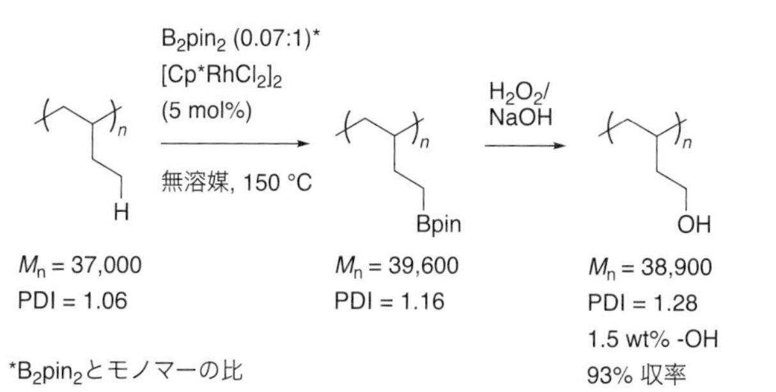
B2pin2 (0.07:1)*
[Cp*RhCl2]2
(5 mol%)
無溶媒, 150 °C
H2O2/
NaOH
H
Bpin
OH
Mn = 37,000
PDI = 1.06
Mn = 39,600
PDI = 1.16
Mn = 38,900
PDI = 1.28
1.5 wt% -OH
93% 収率
*B2pin2とモノマーの比

図6.16 ロジウム触媒によるポリオレフィンの $C(sp^3)$–H ホウ素化反応

応は過剰量の PEE を用いて 150 度で行われる．PEE が 150 度で溶解することから溶媒を使用する必要はない．ホウ素化反応は選択的に第一級 $C(sp^3)$–H 結合に対しておこるため，ポリマーの側鎖のみが官能基化される．用いるホウ素化剤の量を変化させることで PEE に導入するヒドロキシ基の量を調整することができ，極性の制御が可能である．ヒドロキシ基の導入によりポリマー物性は大きく変化し，たとえば，ガラス転移点が最大で 55 度程度上昇することが示された．

参考文献

［1］ J. A. Labinger, J. E. Bercaw：*Nature*, **417**, 507（2002）.

［2］ Y. Qin, L. Zhu, S. Luo：*Chem. Rev.*, **117**, 9433（2017）.

［3］ S. Murahashi：*J. Am. Chem. Soc.*, **77**, 6403（1955）.

［4］ J. L. Garnett, R. J. Hodges：*J. Am. Chem. Soc.*, **89**, 4546（1967）.

［5］ N. F. Goldshleger, M. B. Tyabin, A. E. Shilov, A. A. Shteinman：*Russ. J. Phys. Chem. USSR*, **43**, 1222（1969）.

［6］ （a）I. Moritani, Y. Fujiwara：*Tetrahedron Lett.*, **8**, 1119（1967）.
（b）Y. Fujiwara, I. Moritani, S. Danno, R. Asano, S. Teranishi：*J. Am. Chem. Soc.*, **91**, 7166（1969）.

［7］ （a）R. H. Crabtree, J. M. Mihelcic, J. M. Quirk：*J. Am. Chem. Soc.*, **101**, 7738（1979）.
（b）R. H. Crabtree, M. F. Mellea, J. M. Mihelcic, J. M. Quirk：*J. Am. Chem. Soc.*, **104**, 107（1982）.
（c）M. J. Burk, R. H. Crabtree, C. P. Parnell, R. J. Uriarte：*Organometallics*, **3**, 817（1984）.
（d）H. Felkin, T. Fillebeen-Khan, Y. Gault, R. Holmes-Smith, J. Zakrzewski：*Tetrahedron Lett.*, **25**, 1279（1984）.
（e）M. J. Burk, R. H. Crabtree：*J. Am. Chem. Soc.*, **109**, 8025（1987）.

［8］ J. Chatt, J. M. Davidson：*J. Chem. Soc.*, 843（1965）.

［9］ （a）A. H. Janowicz, R. G. Bergman：*J. Am. Chem. Soc.*, **104**, 352（1982）.
（b）J. K. Hoyano, W. A. G. Graham：*J. Am. Chem. Soc.*, **104**, 3723（1982）.

［10］ J. P. Kleiman, M. Dubeck：*J. Am. Chem. Soc.*, **85**, 1544（1963）.

［11］ H. Shiota, Y. Ano, Y. Aihara, Y. Fukumoto, N. Chatani：*J. Am. Chem. Soc.*, **133**, 14952（2011）.

［12］ （a）M. I. Bruce：*Angew. Chem. Int. Ed. Engl.*, **16**, 73（1977）.
（b）A. D. Ryabov：*Chem. Rev.*, **90**, 403（1990）.
（c）M. Albrecht：*Chem. Rev.*, **110**, 576（2010）.

［13］ L. N. Lewis, J. F. Smith：*J. Am. Chem. Soc.*, **108**, 2728（1986）.

［14］ S. Murai, F. Kakiuchi, S. Sekine, Y. Tanaka, A. Kamatani, M. Sonoda, N. Chatani：*Nature*, **366**, 529（1993）.

［15］ （a）M. E. Thompson, S. M. Baxter, A. R. Bulls, B. J. Burger, M. C. Nolan, B. D. Santarsiero, W. P. Schaefer, J. E. Bercaw：*J. Am. Chem. Soc.*, **109**, 203（1987）.

(b) R. Waterman：*Organometallics*, **32**, 7249 (2013).

[16] P. L. Watson：*J. Am. Chem. Soc.*, **105**, 6491 (1983).

[17] R. F. Jordan, D. F. Taylor：*J. Am. Chem. Soc.*, **111**, 778 (1989).

[18] C. E. Webster, Y. Fan, M. B. Hall, D. Kunz, J. F. Hartwig：*J. Am. Chem. Soc.*, **125**, 858 (2003).

[19] (a) J. F. Hartwig, K. S. Cook, M. Hapke, C. D. Incarvito, Y. Fan, C. E. Webster, M. B. Hall：*J. Am. Chem. Soc.*, **127**, 2538 (2005).

(b) R. N. Perutz, S. Sabo-Etienne：*Angew. Chem. Int. Ed.* **46**, 2578 (2007).

(c) J. Oxgaard, R. P. Muller, W. A. Goddard, III, R. A. Periana：*J. Am. Chem. Soc.*, **126**, 352 (2004).

(d) Z. Lin：*Coord. Chem. Rev.*, **251**, 2280 (2007).

[20] (a) B. A. Vastine, M. B. Hall：*J. Am. Chem. Soc.*, **129**, 12068 (2007).

(b) D. H. Ess, R. J. Nielsen, W. A. Goddard, III, R. A. Periana：*J. Am. Chem. Soc.*, **131**, 11686 (2009).

[21] M. S. Kharasch, H. S. Isbell：*J. Am. Chem. Soc.*, **53**, 3053 (1931).

[22] (a) J. P. Brand, J. Charpentier, J. Waser：*Angew. Chem. Int. Ed.* **48**, 9346 (2009).

(b) T. De Haro, C. Nevado：*J. Am. Chem. Soc.*, **132**, 1512 (2010).

(c) L. T. Ball, G. C. Lloyd-Jones, C. A. Russell：*Science*, **337**, 1644 (2012).

[23] X. C. Cambeiro, N. Ahlsten, I. Larrosa：*J. Am. Chem. Soc.*, **137**, 15636 (2015).

[24] (a) D. Lapointe, K. Fagnou：*Chem. Lett.*, **39**, 1118 (2010).

(b) L. Ackermann：*Chem. Rev.*, **111**, 1315 (2011).

(c) D. L. Davies, S. A. Macgregor, C. L. McMullin：*Chem. Rev.*, **117**, 8649 (2017).

[25] S. Winstein, T. G. Traylor：*J. Am. Chem. Soc.*, **77**, 3747 (1955).

[26] C. W. Fung, M. Khorramdel-Vahed, R. J. Ranson, R. M. G. Roberts：*J. Chem. Soc., Perkin Trans.* **2**, 267 (1980).

[27] (a) J. M. Duff, B. L. Shaw：*J. Chem. Soc., Dalton Trans.*, 2219 (1972).

(b) J. M. Duff, B. E. Mann, B. L. Shaw, B. Turtle：*J. Chem. Soc., Dalton Trans.*, 139 (1974).

(c) J. C. Gaunt, B. L. Shaw：*J. Organomet. Chem.*, **102**, 511 (1975).

[28] (a) A. D. Ryabov, I. K. Sakodinskaya, A. K. Yatsimirsky：*J. Chem. Soc., Dalton Trans.*, 2629 (1985).

(b) S. A. Kurzeev, G. M. Kazankov, A. D. Ryabov：*Inorg. Chim. Acta*, **340**, 192 (2002).

[29] B. Biswas, M. Sugimoto, S. Sakaki：*Organometallics*, **19**, 3895 (2000).

[30] D. L. Davies, S. M. A. Donald, S. A. Macgregor：*J. Am. Chem. Soc.*, **127**, 13754

(2005).

[31] S. I. Gorelsky, D. Lapointe, K. Fagnou：*J. Am. Chem. Soc.*, **130**, 10848 (2008).

[32] (a) J. J. González, N. García, B. Gómez-Lor, A. M. Echavarren：*J. Org. Chem.*, **62**, 1286 (1997).
(b) D. García-Cuadrado, A. A. C. Braga, F. Maseras, A. M. Echavarren：*J. Am. Chem. Soc.*, **128**, 1066 (2006).

[33] (a) L.-C. Campeau, M. Parisien, M. Leblanc, K. Fagnou：*J. Am. Chem. Soc.*, **126**, 9186 (2004).
(b) L.-C. Campeau, M. Parisien, A. Jean, K. Fagnou：*J. Am. Chem. Soc.*, **128**, 581 (2006).

[34] L.-C. Campeau, S. Rousseaux, K. Fagnou：*J. Am. Chem. Soc.*, **127**, 18020 (2005).

[35] (a) T. Matsubara, N. Koga, D. G. Musaev, K. Morokuma：*J. Am. Chem. Soc.*, **120**, 12692 (1998).
(b) T. Matsubara, N. Koga, D. G. Musaev, K. Morokuma：*Organometallics*, **19**, 2318 (2000).

[36] (a) S. Shaik, S. Cohen, Y. Wang, H. Chen, D. Kumar, W. Thiel：*Chem. Rev.*, **110**, 949 (2010).
(b) M. Guo, T. Corona, K. Ray, W. Nam：*ACS Cent. Sci.*, **5**, 13 (2019).

[37] (a) M. Tobisu, N. Chatani：*Angew. Chem. Int. Ed.* **45**, 1683 (2006).
(b) B. Peng, N. Maulide：*Chem. Eur. J.*, **19**, 13274 (2013).

[38] (a) M. Gómez-Gallego, M. A. Sierra：*Chem. Rev.*, **111**, 4857 (2011).
(b) E. M. Simmons, J. F. Hartwig：*Angew. Chem. Int. Ed.* **51**, 3066 (2012).

[39] (a) D. Balcells, E. Clot, O, Eisenstein：*Chem. Rev.*, **110**, 749 (2010).
(b) Y.-F. Yang, X. Hong, J.-Q. Yu, K. N. Houk：*Acc. Chem. Res.*, **50**, 2853 (2017).

[40] (a) D. J. Cole-Hamilton, G. Wilkinson：*Nouveau J. Chim.*, **1**, 141 (1977).
(b) J. Halpern：*Pure Appl. Chem.*, **59**, 173 (1987).
(c) D. E. Linn, Jr., J. Halpern：*J. Organomet. Chem.*, **330**, 155 (1987).

[41] (a) Z. Chen, B. Wang, J. Zhang, W. Yu, Z. Liu, Y. Zhang：*Org. Chem. Front.*, **2**, 1107 (2015).
(b) C. Sambiagio, D. Schönbauer, R. Blieck, T. Dao-Huy, G. Pototschnig, P. Schaaf, T. Wiesinger, M. F. Zia, J. Wencel-Delord, T. Basset, B. U. W. Maes, M. Schnürch：*Chem. Soc. Rev.*, **47**, 6603 (2018).

[42] R. Shang, L. Ilies, E. Nakamura：*Chem. Rev.*, **117**, 9086 (2017).

[43] R. Shang, L. Ilies, E. Nakamura：*J. Am. Chem. Soc.*, **138**, 10132 (2016).

[44] V. G. Zaitsev, D. Shabashov, O. Daugulis：*J. Am. Chem. Soc.*, **127**, 13154 (2005).

[45] (a) G. Rouquet, N. Chatani：*Angew. Chem. Int. Ed.* **52**, 11726 (2013).

(b) O. Daugulis, J. Roane, L. D. Tran：*Acc. Chem. Res.*, **48**, 1053 (2015).

[46] (a) Q. Zhao, T. Poisson, X. Pannecoucke, T. Besset：*Synthesis*, **49**, 4808 (2017).

(b) P. Gandeepan, L. Ackermann：*Chem*, **4**, 199 (2018).

[47] X.-H. Liu, H. Park, J.-H. Hu, Y. Hu, Q.-L. Zhang, B.-L. Wang, B. Sun, K.-S. Yeung, F.-L. Zhang, J.-Q. Yu：*J. Am. Chem. Soc.*, **139**, 888 (2017).

[48] D. Leow, G. Li, T.-S. Mei, J.-Q. Yu：*Nature*, **486**, 518 (2012).

[49] S. Bag, T. Patra, A. Modak, A. Deb, S. Maity, U. Dutta, A. Dey, R. Kancherla, A. Maji, A. Hazra, M. Bera, D. Maiti：*J. Am. Chem. Soc.*, **137**, 11888 (2015).

[50] Z. Zhang, K. Tanaka, J.-Q. Yu：*Nature*, **543**, 538 (2017).

[51] (a) N. Hofmann, L. Ackermann：*J. Am. Chem. Soc.*, **135**, 5877 (2013).

(b) L. Zhang, L. Yu, J. Zhou, Y. Chen：*Eur. J. Org. Chem.*, 5268 (2018).

[52] (a) M. Catellani, F. Frignani, A. Rangoni：*Angew. Chem. Int. Ed.* **36**, 119 (1997).

(b) J. Ye, M. Lautens：*Nat. Chem.*, **7**, 863 (2015).

[53] (a) N. Della Ca', M. Fontana, E. Motti, M. Cattelani：*Acc. Chem. Res.*, **49**, 1389 (2016).

(b) X.-C. Wang, W. Gong, L.-Z. Fang, R.-Y. Zhu, S. Li, K. M. Engle, J.-Q. Yu：*Nature*, **519**, 334 (2015).

(c) Z. Dong, G. Dong：*J. Am. Chem. Soc.*, **135**, 18350 (2013).

[54] S. Okumura, S. Tang, T. Saito, K. Semba, S. Sakaki, Y. Nakao：*J. Am. Chem. Soc.*, **138**, 14699 (2016).

[55] (a) G. Dyker：*Angew. Chem. Int. Ed.* **31**, 1023 (1992).

(b) G. Dyker：*Angew. Chem. Int. Ed.* **33**, 103 (1994).

[56] T. E. Barder, S. D. Walker, J. R. Martinelli, S. L. Buchwald：*J. Am. Chem. Soc.*, **127**, 4685 (2005).

[57] B. Zhou, H. Sato, L. Ilies, E. Nakamura：*ACS Catal.*, **8**, 8 (2018).

[58] T. W. Lyons, M. S. Sanford：*Chem. Rev.*, **110**, 1147 (2010).

[59] D. Kalyani, A. R. Dick, W. Q. Anani, M. S. Sanford：*Tetrahedron*, **62**, 11483 (2006).

[60] X. Wan, Z. Ma, B. Li, K. Zhang, S. Cao, S. Zhang, Z. Shi：*J. Am. Chem. Soc.*, **128**, 7416 (2006).

[61] T.-S. Mei, R. Giri, N. Maugel, J.-Q. Yu：*Angew. Chem. Int. Ed.* **47**, 5215 (2008).

[62] X. Wang, T.-S. Mei, J.-Q. Yu：*J. Am. Chem. Soc.*, **131**, 7520 (2009).

[63] A. R. Dick, K. L. Hull, M. S. Sanford：*J. Am. Chem. Soc.*, **126**, 2300 (2004).

[64] X. Zhao, E. Dimitrijevic, V. M. Dong：*J. Am. Chem. Soc.*, **131**, 3466 (2009).

[65] J. Jiao, K. Murakami, K. Itami：*ACS Catal.*, **6**, 610 (2016).

［66］（a）N. Kuhl, M. N. Hopkinson, J. Wencel-Delord, F. Glorius：*Angew. Chem. Int. Ed.* **51**, 10236（2012）.
　　（b）P. Wedi, M. van Gemmeren：*Angew. Chem. Int. Ed.* **57**, 13016（2018）.

［67］（a）P. Wang, P. Verma, G. Xia, J. Shi, J. X. Quao, S. Tao, P. T. W. Cheng, M. A. Poss, M. E. Farmer, K.-S. Yeung, J.-Q. Yu：*Nature*, **551**, 489（2017）.
　　（b）2 種類の配位子を用いる類似反応：H. Chen, P. Wedi, T. Meyer, G. Tavakoli, M. van Gemmeren：*Angew. Chem. Int. Ed.* **57**, 2497（2018）.

［68］H. U. Vora, A. P. Silvestri, C. J. Engelin, J.-Q. Yu：*Angew. Chem. Int. Ed.* **53**, 2683（2014）.

［69］L. T. Ball, G. C. Lloyd-Jones, C. A. Russell：*Science*, **337**, 1644（2012）.

［70］N. Nakamura, Y. Tajima, K. Sakai：*Heterocycles*, **17**, 235（1982）.

［71］A. Ohta, Y. Akita, T. Ohkuwa, M. Chiba, R. Fukunaga, A. Miyafuji, T. Nakata, N. Tani, Y. Aoyagi：*Heterocycles*, **31**, 1951（1990）.

［72］S. Tani, T. N. Uehara, J. Yamaguchi, K. Itami：*Chem. Sci.*, **5**, 123（2014）.

［73］A. D. Sadow, T. D. Tilley：*J. Am. Chem. Soc.*, **125**, 7971（2003）.

［74］V. Vidal, A. Théolier, J. Thivolle-Cazat, J.-M. Basset：*Science*, **276**, 99（1997）.

［75］A. S. Goldman, A. H. Roy, Z. Huang, R. Ahuja, W. Schinski, M. Brookhart：*Science*, **312**, 257（2006）.

［76］K. Michigami, T. Mita, Y. Sato：*J. Am Chem. Soc.*, **139**, 6094（2017）.

［77］T. Mita, S. Hanagata, K. Michigami, Y. Sato：*Org. Lett.*, **19**, 5876（2017）.

［78］R. J. Phipps, L. McMurray, S. Ritter, H. A. Duong, M. J. Gaunt：*J. Am. Chem. Soc.*, **134**, 10773（2012）.

［79］（a）J. Xu, J. Fu, D.-F. Luo, Y.-Y. Jiang, B. Xiao, Z.-J. Liu, T.-J. Gong, L. Liu：*J. Am. Chem. Soc.*, **133**, 15300（2011）.
　　（b）X. Wang, Y. Ye, S. Zhang, J. Feng, Y. Xu, Y. Zhang, J. Wang：*J. Am. Chem. Soc.*, **133**, 16410（2011）.
　　（c）A. T. Parsons, S. L. Buchwald：*Angew. Chem. Int. Ed.* **50**, 9120（2011）.

［80］M. Sekine, L. Ilies, E. Nakamura：*Org. Lett.*, **15**, 714（2013）.

［81］J. D. Cuthbertson, D. W. C. MacMillan：*Nature*, **519**, 74（2015）.

［82］T. Knecht, T. Pinkert, T. Dalton, A. Lerchen, F. Glorius：*ACS Catal.*, **9**, 1253（2019）.

［83］G.-W. Wang, A.-X. Zhou, S.-X. Li, S.-D. Yang：*Org. Lett.*, **16**, 3118（2014）.

［84］R. A. Periana, D. J. Taube, S. Gamble, H. Taube, T. Satoh, H. Fujii：*Science*, **280**, 560（1998）.

［85］N. J. Gunsalus, A. Koppaka, S. H. Park, S. M. Bischof, B. G. Hashiguchi, R. A. Periana：*Chem. Rev.*, **117**, 8521（2017）.

[86] M.S. Chen, M. C. White：*Science*, **318**, 783（2007）.

[87] N. A. Romero, K. A. Margrey, N. E. Tay, D. A. Nicewicz：*Science*, **349**, 1326（2015）.

[88] I. A. I. Mkhalid, J. H. Barnard, T. B. Marder, J. M. Murphy, J. F. Hartwig：*Chem. Rev.*, **110**, 890（2010）.

[89] T. Ishiyama, J. Takagi, K. Ishida, N. Miyaura, N. R. Anastasi, J. F. Hartwig：*J. Am. Chem. Soc.*, **124**, 390（2002）.

[90] (a) J.-Y. Cho, M. K. Tse, D. Holmes, R. E. Maleczka Jr., M. R. Smith III：*Science*, **295**, 305（2002）.
     (b) T. Ishiyama, J. Takagi, J. F. Hartwig, N. Miyaura：*Angew. Chem. Int. Ed.* **41**, 3056（2002）.

[91] T. M. Boller, J. M. Murphy, M. Hapke, T. Ishiyama, N. Miyaura, J. F. Hartwig：*J. Am. Chem. Soc.*, **127**, 14263（2005）.

[92] Y. Saito, Y. Segawa, K. Itami：*J. Am. Chem. Soc.*, **137**, 5193（2015）.

[93] H. Chen, S. Schlecht, T. C. Semple, J. F. Hartwig：*Science*, **287**, 1995（2000）.

[94] A. K. Cook, S. D. Schimler, A. J. Matzger, M. S. Sanford：*Science*, **351**, 1421（2016）.

[95] K. T. Smith, S. Berritt, M. González-Moreiras, S. Ahn, M. R. Smith III, M.-H. Baik, D. J. Mindiola：*Science*, **351**, 1424（2016）.

[96] C. Cheng, J. F. Hartwig：*Chem. Rev.*, **115**, 8946（2015）.

[97] C. Cheng, J. F. Hartwig：*Science*, **343**, 853（2014）.

[98] C. Cheng, J. F. Hartwig：*J. Am. Chem. Soc.*, **137**, 592（2015）.

[99] W. Liu, X. Huang, M.-J. Cheng, R. J. Nielsen, W. A. Goddard III, J. T. Groves：*Science*, **337**, 1322（2012）.

[100] F. Berger, M. B. Plutschack, J. Riegger, W. Yu, S. Speicher, M. Ho, N. Frank, T. Ritter：*Nature*, **567**, 223（2019）.

[101] (a) C. S. Yeung, V. M. Dong：*Chem. Rev.*, **111**, 1215（2011）.
     (b) C. Liu, J. Yuan, M. Gao, S. Tang, W. Li, R. Shi, A. Lei：*Chem. Rev.*, **115**, 12138（2015）.
     (c) Y. Yang, J. Lan, J. You：*Chem. Rev.*, **117**, 8787（2017）.

[102] D. R. Stuart, K. Fagnou：*Science*, **316**, 1172（2007）.

[103] T. Doba, T. Matsubara, L. Ilies, R. Shang, E. Nakamura：*Nat. Catal.*, **2**, 400（2019）.

[104] A. Demonceau, A. F. Noels, A. J. Hubert, P. Teyssié：*J. Chem. Soc., Chem. Commun.*, 688（1981）.

[105] E. Wenkert, L. L. Davis, B. L. Mylari, M. F. Solomon, R. R. da Silva, S. Shulman, R. J. Warnet, P. Ceccherelli, M. Curini, R. Pellicciari：*J. Org. Chem.*, **47**, 3242（1982）.

[106] D. F. Taber, E. H. Petty：*J. Org. Chem.*, **47**, 4808（1982）.

［107］ S.-i. Hashimoto, N. Watanabe, S. Ikegami：*Tetrahedron Lett.*, **31**, 5173（1990）.

［108］ M. Kennedy, M. A. McKervey, A. R. Maguire, G. H. P. Roos：*J. Chem. Soc., Chem. Commun.*, 361（1990）.

［109］ M. P. Doyle, A. van Oeveren, L. J. Westrum, M. N. Protopopova, T. W. Clayton, Jr.：*J. Am. Chem. Soc.*, **113**, 8982（1991）.

［110］ H. M. L. Davies, T. Hansen：*J. Am. Chem. Soc.*, **119**, 9075（1997）.

［111］ （a）M. P. Doyle, L. J. Westrum, W. N. E. Wolthuis, M. M. See, W. P. Boone, V. Bagheri, M. M. Pearson：*J. Am. Chem. Soc.*, **115**, 958（1993）.
（b）E. Nakamura, N. Yoshikai, M. Yamanaka：*J. Am. Chem. Soc.*, **124**, 7181（2002）.

［112］ （a）K. Liao, S. Negretti, D. G. Musaev, J. Basca, H. M. L. Davies：*Nature*, **533**, 230（2016）.
（b）K. Liao, T. C. Pickel, V. Boyarskikh, J. Bacsa, D. G. Musaev, H. M. L. Davies：*Nature*, **551**, 609（2017）.

［113］ J. R. Griffin, C. I. Wendell, J. A. Garwin, M. C. White：*J. Am. Chem. Soc.*, **139**, 13624（2017）.

［114］ （a）M. P. Doyle, D. C. Forbes：*Chem. Rev.*, **98**, 911（1998）.
（b）H. M. L. Davies, R. E. J. Beckwith：*Chem. Rev.*, **103**, 2861（2003）.
（c）H. M. L. Davies, J. R. Manning：*Nature*, **451**, 417（2008）.
（d）M. P. Doyle, R. Duffy, M. Ratnikov, L, Zhou：*Chem. Rev.*, **110**, 704（2010）.
（e）A. Ford, H. Miel, A. Ring, C. N. Slattery, A. R. Maguire, M. A. McKervey：*Chem. Rev.*, **115**, 9981（2015）.

［115］ （a）R. Giri, B. F. Shi, K. M. Engle, N. Maugel, J.-Q. Yu：*Chem. Soc. Rev.*, **38**, 3242（2009）.
（b）C. G. Newton, S. G. Wang, C. C. Oliveira, N. Cramer：*Chem. Rev.*, **117**, 8908（2017）.

［116］ F. Kakiuchi, P. Le Gendre, A. Yamada, H. Ohtaki, S. Murai：*Tetrahedron：Asymmetry*, **11**, 2647（2000）.

［117］ G. Chen, W. Gong, Z. Zhuang, M. S. Andrä, Y.-Q. Chen, X. Hong, Y.-F. Yang, T. Liu, K. N. Houk, J.-Q. Yu：*Science*, **353**, 1023（2016）.

［118］ S. Santoro, S. I. Kozhushkov, L. Achermann, L. Vaccaro：*Green. Chem.*, **18**, 3471（2016）.

［119］ N. Nakamura, Y. Tajima, K. Sakai：*Heterocycles*, **17**, 235（1982）.

［120］ D.-T. D. Tang, K. D. Collins, F. Glorius：*J. Am. Chem. Soc.*, **135**, 7450（2013）.

［121］ S. Kawamorita, R. Murakami, T. Iwai, M. Sawamura：*J. Am. Chem. Soc.*, **135**,

2947 (2013).

[122] (a) T. P. Yoon, M. A. Ischay, J. Du：*Nat. Chem.*, **2**, 527 (2010).

(b) M. H. Shaw, J. Twilton, D. W. C. MacMillan：*J. Org. Chem.*, **81**, 6898 (2016).

[123] D. Kalyani, K. B. McMurtrey, S. R. Neufeldt, M. S. Sanford：*J. Am. Chem. Soc.*, **133**, 18566 (2011).

[124] J. C. K. Chu, T. Rovis：*Nature*, **539**, 272 (2016).

[125] G. J. Choi, Q. Zhu, D. C. Miller, C. J. Gu, R. R. Knowles：*Nature*, **539**, 268 (2016).

[126] I. B. Perry, T. F. Brewer, P. J. Sarver, D. M. Schultz, D. A. DiRocco, D. W. C. Mac-Millan：*Nature*, **560**, 70 (2018).

[127] (a) N. Sauermann, T. H. Meyer, Y. Qiu, L. Ackermann：*ACS Catal.*, **8**, 7086 (2018).

(b) C. Ma, P. Fang, T.-S. Mei：*ACS Catal.*, **8**, 7179 (2018).

[128] C. Amatore, C. Cammoun, A. Jutand：*Adv. Synth. Catal.*, **349**, 292 (2007).

[129] (a) X. Gao, P. Wang, L. Zeng, S. Tang, A. Lei：*J. Am. Chem. Soc.*, **140**, 4195 (2018).

(b) N. Sauermann, R. Mei, L. Ackermann：*Angew. Chem. Int. Ed.* **57**, 5090 (2018).

[130] J. C. Lewis, P. S. Coelho, F. H. Arnold：*Chem. Soc. Rev.*, **40**, 2003 (2011).

[131] S. Kille, F. E. Zilly, J. P. Acevedo, M. T. Reetz：*Nat. Chem.*, **3**, 738 (2011).

[132] P. Dydio, H. M. Key, A. Nazarenko, J. Y.-E. Rha, V. Seyedkazemi, D. S. Clark, J. F. Hartwig：*Science*, **354**, 102 (2016).

[133] (a) L. McMurray, F. O'Hara, M. J. Gaunt：*Chem. Soc. Rev.*, **40**, 1885 (2011).

(b) J. Yamaguchi, A. D. Yamaguchi, K. Itami：*Angew. Chem. Int. Ed.*, **51**, 8960 (2012).

(c) D. J. Abrams, P. A. Provencher, E. J. Sorensen：*Chem. Soc. Rev.*, **47**, 8925 (2018).

[134] P. S. Baran, E. J. Corey：*J. Am. Chem. Soc.*, **124**, 7904 (2002).

[135] A. J. Hutchison, Y. Kishi：*J. Am. Chem. Soc.*, **101**, 6786 (1979).

[136] W. R. Gutekunst, P. S. Baran：*J. Am. Chem. Soc.*, **133**, 19076 (2011).

[137] Y. Kishi, T. Fukuyama, M. Aratani, F. Nakatsubo, T. Goto, S. Inoue, H. Tanino, S. Sugiura, H. Kakoi：*J. Am. Chem. Soc.*, **94**, 9219 (1972).

[138] N. Ohyabu, T. Nishikawa, M. Isobe：*J. Am. Chem. Soc.*, **125**, 8798 (2003).

[139] A. Hinman, J. Du Bois：*J. Am. Chem. Soc.*, **125**, 11510 (2003).

[140] T. Cernak, K. D. Dykstra, S. Tyagarajan, P. Vachal, S. W. Krska：*Chem. Soc. Rev.*, **45**, 546 (2016).

[141] D. R. Gauthier, Jr., J. Limanto, P. N. Devine, R. A. Desmond, R. H. Szumigala, B. S.

Foster, R. P. Volante：*J. Org. Chem.*, **70**, 5938（2005）.

［142］ J. Wang, M. Rosingana, D. J. Watson, E. D. Dowdy, R. P. Discordia, N. Soundarajan, W.-S. Li：*Tetrahedron Lett.*, **42**, 8935（2001）.

［143］ S. G. Ouellet, A. Roy, C. Molinaro, R. Angelaud, J.-F. Marcoux, P. D. O'Shea, I. W. Davies：*J. Org. Chem.*, **76**, 1436（2011）.

［144］ M. Seki, M. Nagahama：*J. Org. Chem.*, **76**, 10198（2011）.

［145］ M. Seki：*Org. Process Res. Dev.*, **20**, 867（2016）.

［146］ R. P. Yu, D. Hesk, N. Rivera, I. Pelczer, P. J. Chirik：*Nature*, **529**, 195（2016）.

［147］ Y. Koga, T. Kaneda, Y. Saito, K. Murakami, K. Itami：*Science*, **359**, 435（2018）.

［148］ K. Kawasumi, Q. Zhang, Y. Segawa, L. T. Scott, K. Itami：*Nat. Chem.*, **5**, 739（2013）.

［149］ Y. Kawamata, S. Tokuji, H. Yorimitsu, A. Osuka：*Angew. Chem. Int. Ed.*, **50**, 8867（2011）.

［150］ （a）K. Kitazawa, T. Kochi, M. Nitani, Y. Ie, Y. Aso, F. Kakiuchi：*Chem. Lett.*, **40**, 300（2011）.
　　　（b）Y. Segawa, T. Maekawa, K. Itami：*Angew. Chem. Int. Ed.*, **54**, 66（2015）.
　　　（c）H. Bohra, M. Wang：*J. Mater. Chem. A*, **5**, 11550（2017）.

［151］ （a）J.-R. Pouliot, F. Grenier, J. T. Blaskovits, S. Beaupré, M. Leclerc：*Chem. Rev.*, **116**, 14225（2016）.
　　　（b）Y. Yang, M. Nishiura, H. Wang, Z. Hou：*Coord. Chem. Rev.*, **376**, 506（2018）.
　　　（c）J. B. Williamson, S. E. Lewis, R. R. Johnson III, I. M. Manning, F. A. Leibfarth：*Angew. Chem. Int. Ed.*, **58**, 8654（2019）.

［152］ M. Sévignon, J. Papillon, E. Schulz, M. Lemaire：*Tetrahedron Lett.*, **40**, 5873（1999）.

［153］ Q. Wang, R. Takita, Y. Kikuzaki, F. Ozawa：*J. Am. Chem. Soc.*, **132**, 11420（2010）.

［154］ M. Gao, J. W. Y. Lam, Y. Liu, J. Li, B. Z. Tang：*Polym. Chem.*, **4**, 2841（2013）.

［155］ X. Shi, M. Nishiura, Z. Hou：*J. Am. Chem. Soc.*, **138**, 6147（2016）.

［156］ Y. Kondo, D. García-Cuadrado, J. F. Hartwig, N. K. Boaen, N. L. Wagner, M. A. Hillmyer：*J. Am. Chem. Soc.*, **124**, 1164（2002）.

おわりに

　2つの異なる基質のC–H結合を切断し直接カップリングする手法（5.1節）は複雑な分子を合成する理想的な手法である．有機合成化学者は，温和に低コストでベンゼンとメタンを直接反応させトルエンを合成するような反応や，さまざまな官能基をもつ複雑分子の狙ったC–H結合のみを高効率かつ高選択的に官能基化する反応の実現を夢見て日夜研究に取り組んでいる．本書ではC–H結合活性化に関連する近年の研究を取り上げ，この分野の現状を書き記した．第6章で述べたように，C–H結合活性化反応はその黎明期から半世紀の時を経て，全合成，メディシナルケミストリー，材料科学などの応用研究分野で用いられるまでになった．しかしながら，配向基を用いず効率的に有機化合物を修飾する反応や，高い触媒活性，位置選択性，官能基許容性，環境調和性，および経済性を同時に満たすような真に合成的価値のある反応は限られており，今後のさらなる研究が必要である．革新的な触媒設計によってこれらの問題は徐々に解決されるであろうし，鉄，コバルト，マンガンをはじめとする安価な第一列遷移金属触媒を用いる触媒反応が主流となっていくであろう．第5章で述べたように，不均一系触媒，光触媒，電気化学，生体触媒，フロー化学を用いる手法もますますの発展が期待される．今後，配向基を用いる反応や有機ハロゲン化物および有機金属化合物を基質として用いる反応は歴史上の産物となり，さらに洗練された実用的C–H結合官能基化反応がさまざまな分野で活躍する時代が訪れることを信じている．

索　引

〔著者紹介〕

イリエシュ ラウレアン（ILIES Laurean）

2009年　東京大学大学院理学系研究科博士後期課程修了
現在　　理化学研究所環境資源科学研究センター　チームリーダー
　　　　博士（理学）
専門　　有機合成化学，有機金属化学

浅子壮美（あさこ　そうび）

2014年　東京大学大学院理学系研究科博士後期課程修了
現在　　理化学研究所環境資源科学研究センター　上級研究員
　　　　博士（理学）
専門　　有機合成化学，有機金属化学，計算化学

吉田拓未（よしだ　たくみ）

2018年　東京大学大学院理学系研究科博士後期課程修了
現在　　理化学研究所環境資源科学研究センター　特別研究員
　　　　博士（理学）
専門　　有機合成化学，有機金属化学

化学の要点シリーズ　34　*Essentials in Chemistry 34*

C-H 結合活性化反応
C–H Bond Activation

2019年11月10日　初版1刷発行

著　者　イリエシュ ラウレアン・浅子 壮美・吉田 拓未

編　集　日本化学会　©2019

発行者　南條光章

発行所　**共立出版株式会社**
　　　　［URL］　www.kyoritsu-pub.co.jp
　　　　〒112-0006 東京都文京区小日向4-6-19　電話 03-3947-2511（代表）
　　　　振替口座　00110-2-57035

印　刷　藤原印刷

製　本　協栄製本　　　　　　　　　　　　　　　　　　printed in Japan

検印廃止　　　　　　　　　　　　　　　　　　　　　　一般社団法人
NDC　437.01　　　　　　　　　　　　　　　　　　　自然科学書協会
ISBN 978-4-320-04475-3　　　　　　　　　　　　　　　会員